住環境保全の
公共政策

都市景観とまちづくり条例の観点から

山岸達矢
Tatsuya Yamagishi

法政大学出版局

まえがき

　人々が地域に住む理由を保全する社会は構築可能であろうか。この問いは，持続可能な社会のあり方に対する問いでもあるため，そう簡単に答えが見つかるわけではないが，本書の研究目的は，この難題の一端を研究することに他ならない。本書の表題である『住環境保全の公共政策』は，住環境の保全に向けた市民と自治体の取り組みと，保全に関連する法制度のあり方について研究する本書のテーマを表している。住環境の質は，個々の敷地内の取り組みだけでは保つことができず，建築物と土地利用の地域的なあり方によって大きく規定される。住環境の構成要素は多岐にわたるが，主に土地利用と建築物のあり方によって規定される物理的な空間の問題は，複数の法制度が関係する都市計画の分野に属する。また，場所ごとに帯びる社会的な意味を反映した空間の保全は，近年しばしば既存の法体系の範疇からはみ出して，地域社会にとっての大きな問題として浮上している。そのため，単なる現行の法制度内の研究では完結せず，地域社会の実態を踏まえた研究が必要となる分野でもある。これまでも社会学，行政学，政治学では，市民の取り組みや自治体の条例に基づくさまざまな試みについての研究が進められてきた。本書も，そうした先行研究を参照する。さらに，地域社会で実質的に活用可能な法制度とは何かという視点を重視しながら，地域的な住環境をめぐる具体的な問題解決のために研究を進めていく。

　住環境は，他の環境問題と同様にその悪化が懸念され，なおかつ公共政策によって取り組むべき問題として社会的に認識されているにもかかわらず，保全策を講じることが困難な環境問題の1つである。住環境の快適さを形成する要素は，衛生面や安全などの健康的な最低限の生活を維持するために必

要なものは一般に対策が必要と判断され，公共政策による取り組みの対象になりやすい。しかし，より快適な住環境を実現するには，地域的な取り組みが必要となるが，それを困難にする社会状況がある。保全が困難な状況が生じる要因は，土地と建築物が経済活動の媒体となりやすく，所有者の経済的な価値と環境保全の価値とが対立することにある。そして，建築物と土地利用とのあり方を合意するための地域での話し合いが必要であるにもかかわらず，利害対立の可能性を見越して低調にとどまっている。本書では，このような状況を打開する方策を検討するために，景観保全の取り組みに着目する。景観保全に着目する理由は，土地の利用方法と建築物が地域的な住環境に調和するよう，空間を視覚的に捉えて保全する試みがなされているためである。なかでも，都市景観の概念は，郊外地域にまで及ぶ都市部の住環境を捉えるために用いられるようになっている。都市景観保全には，地域内での合意形成と法制度の活用が必要となる。これらが実現する社会過程について考察するために，市民と自治体の先駆的な取り組みを参照する。

　本書の構成は以下の通りである。第1章では，建築計画に対して公論が与える影響と自治体に期待される役割について考察する。第2章では，保全策の問題点を把握するために，都市景観に関連する法制度の運用状況について分析し，専門知識のあり方についても述べる。第3章では，国立市の景観保全運動の参与観察と聞き取り調査などに基づく事例分析から，日常生活のなかで都市景観の保全を可能にする要因について論じる。第4章では，自治体が運用するまちづくり条例が有する機能に着目し，まちづくり条例の協議手続きを活かした都市景観の保全策の可能性について述べる。第5～7章では，まちづくり条例の協議手続きの実際の効果を検証するために，先駆的なまちづくり条例として，国分寺市，狛江市，逗子市の3つの自治体の取り組みに着目し，各協議手続きの対象となった事例の分析を行う。終章では，それらの事例分析によって得られた知見から，まちづくり条例の協議手続きによる都市景観保全の課題と可能性について明らかにする。

目　次

まえがき　3

第1章　都市景観の保全策の諸相 …………………… 11

第1節　都市景観の保全策の範囲　14
　　1　景観概念の浸透　14
　　2　場所の社会的な意味　15

第2節　都市景観の保全策の留意点　19
　　1　都市景観保全の困難　19
　　2　保全対象の認識　22

第3節　公論と都市景観の保全策　23
　　1　公論の機能　23
　　2　公論形成の要　25

第2章　都市景観保全に関連する法制度 …………… 29

第1節　日本の都市計画が前提とする土地所有権　31

第2節　旧都市計画法期　34
　　1　旧都市計画以前の民法の役割　34
　　2　日本の都市計画のはじまり　35
　　3　旧都市計画法時代の都市計画技術　36

第3節　新都市計画法の制定以降　38

第4節　都市計画の手続き　39
　　1　建築確認制度　40
　　2　開発許可制度　41

第5節　都市計画を修正する機会　42
 1　行政指導　43
 2　都市景観に関連する地区指定型の保全策　47
 3　多様な保全主体への期待　50
 4　地区指定型の保全策の課題　52

第6節　専門知識の獲得　55

第7節　都市景観保全の日常的な契機　56

第3章　都市景観保全の契機
国立市都市景観紛争を事例に　59

第1節　国立市大学通り景観保全運動の経緯　62

第2節　法制度の活用　66
 1　国立市都市景観形成条例　66
 2　国立市における地区計画　67
 3　市民的探究活動　68

第3節　場所の社会的意味の継承と運動の担い手　69

第4節　国立市大学通りの都市景観保全運動に参加する動機　71

第5節　近隣の受苦意識　72
 1　大学通り東側住民の会　72
 2　ガーデン国立管理組合　73
 3　中3丁目西側住民の会　73

第6節　集合的な自主管理努力の蹂躙に伴う受苦意識　75

第7節　まちを象徴する場所への関心　77
 1　問題発覚直前の国立市大学通り景観保全運動　77
 2　住環境保全運動経験者　80

第 8 節　主体性を発揮させた要因　80
　　1　保全主体を創出するネットワーク　80
　　2　合意するためのコミュニケーション　82

小 括　83

第 4 章　まちづくり条例による都市景観保全　87

第 1 節　まちづくり条例の変遷　89

第 2 節　まちづくり条例に関する法的根拠　94

第 3 節　市民参加の機会　98
　　1　地区指定型　98
　　2　紛争調整手続き　99
　　3　協議手続き　100
　　4　都市景観保全の日常的な契機と市民の関与　101

第 4 節　協議手続き　103
　　1　協議手続きの対象基準　103
　　2　協議手続きにおける自己統治の論理形成　104

第 5 節　罰則規定　106

小 括　107

第 5 章　市民と専門家による協議手続き
　　　　　国分寺市まちづくり条例の事例より　113

第 1 節　国分寺市まちづくり条例の特徴　115
　　1　まちづくり条例制定の背景　115
　　2　まちづくり条例の構成　116
　　3　まちづくり条例による協議手続きの位置づけ　119

第 2 節　まちづくり条例に基づく協議手続きの対象事例　121
　　　1　分析対象の事例　121
　　　2　まちづくり市民会議の審議事項　122
　　　3　争点となった事柄　126

第 3 節　まちづくり市民会議の答申に基づく指導　126
　　　1　3つの指導内容　127
　　　2　事業者の反応　129

第 4 節　再考要請制度　132
　　　1　合意に至らなかった事例　133
　　　2　合意に至った事例　134

第 5 節　大規模土地取引行為の届出制度　137
　　　1　早期の市民の声と専門知識の反映　138
　　　2　専門的知見の相対化　141
　　　3　地区計画の変更　142
　　　4　地区計画変更を促進した要素　144

小　括　146

第 6 章　専門家主導による協議手続き
狛江市まちづくり条例の事例より　149

第 1 節　狛江市のまちづくり条例の構成　151

第 2 節　各事例の論点　153
　　　1　各事例における建築計画の修正点　153
　　　2　調整会での論点　156

第 3 節　調整会におけるまちづくり委員会の役割　157
　　　1　建築計画の説明責任の拡大　157
　　　2　妥結に向けた議論の場の確立　160
　　　3　大幅な計画修正に向けた交渉　160

4　交渉から裁定の局面への移行　161

　第4節　地区まちづくり計画への移行　164

　小　括　165

第7章　市長と議会による承認制度
逗子市まちづくり条例の事例より………………………169

　第1節　逗子市まちづくり条例　171
　　　1　条例の制定意図　171
　　　2　条例の協議手続き　172

　第2節　分析対象の事例　175
　　　1　土地利用と建築計画について協議する機会　175
　　　2　各事例の争点　177

　第3節　協議手続きが建築計画へ与える影響　182
　　　1　事業計画が修正された事例　182
　　　2　事業計画が修正されなかった事例　184

　小　括　185

終　章 ………………………………………………189

　第1節　近隣住民への周知　192

　第2節　専門知識と協議時期　193
　　　1　専門知識の活用と協議手続きの低い実効性　194
　　　2　専門知識の活用と協議手続きの高い実効性　195

　第3節　協議における都市景観の意味　196

　第4節　協議結果の蓄積と反映　198

第 5 節　保全意識の高揚を捉えた制度
　　　　　──届出制度と地区指定型の保全策の接合　200

第 6 節　自己統治に基づく意思決定手続きの構築に向けて
　　　　　──首長と議会の承認制度　202

引用文献　　205

巻末資料　　211

あとがき　　257

第1章
都市景観の保全策の諸相

本書の主題は，住環境の保全策について公共政策としての方策を模索することである。住環境をめぐる問題は，衛生や安全などの人々が住むために最低限必要な環境から，快適な環境のために必要な緑地や日照の確保などに至るまで，保全すべき対象は多岐にわたる。それらに共通しているのは，住環境は個人の敷地内の質を保つ取り組みだけでは保全できず，地域的な取り組みが必要な点である。そのため，住環境の保全策は，保全が望ましいとされる事柄について，地域での合意，誘導，規制，強制を伴った法制度に基づいて，行政が実施する施策として取り組まれている。しかし，土地利用や建築物に変更が加えられる際に，主に地権者と近隣住民との間で紛争になることがある。特に，郊外にある住宅街のような住むことに重きが置かれている地域では，空間が有する経済的な価値と，地域で生活する人々が認識する場所の社会的な意味とが相反しやすい。そして，その物理的な状況の変化は，個々人の人生と生活のありようを左右する重要な問題として立ち現れる。そのため，住環境の保全策には，紛争を回避もしくは当事者間で対立する利害を調整する仕組みを要する。

　本書では，住環境の保全策について考察するにあたって，把握および保全する手がかりを得るために景観保全の考え方に着目する。以下ではまず，この景観の意味と公論との関係について述べる。次に，紛争の要因となる法制度と，地域社会で保全にむけて活用可能な法制度の運用実態について分析した上で，個々の土地利用と建築計画を地域に調和させる仕組みに必要な要素について考察する。そして，マンション問題を機に，法制度を景観保全に向けて実際に活用した紛争事例を参照し，保全に向けた社会過程の実像に迫る。さらに，それら法制度と地域社会の現状を踏まえて，自治体のまちづくり条例に基づいた協議手続きの運用実態を機能別に検証し，今後の保全策にとって有用な知見を得ることを目指す。

第1節　都市景観の保全策の範囲

1　景観概念の浸透

　景観とは，土地と建築物の規模や利用目的の連続性がおびる場所の社会的な意味を視覚的に把握した認識像である。景観は，場所ごとに個々人が有する認識像を折り合わせることによって，既存の法制度では対応しきれない住環境の把握・保全を行うための概念として，用いられるようになってきた。日本の景観保全の歴史は，歴史的な価値がすでに確定した景観を保全する運動と，法制度の制定から始まった。歴史的景観の保全以外に，まだ都市景観を保全するという考え方が一般的だったとはいえないなかで，1971年から，横浜市がアーバンデザイン[1]と称して，主に商業的な地域を対象とする都市景観行政を始めた。1970年代および1980年代は，必ずしも景観保全が意識されていたわけではないものの，建築物による日影被害，リゾート開発など，周辺地域に大きな影響を与える土地利用のあり方が問題となったため，自治体は指導要綱や独自の自主条例によって対応した。1990年代以降は，都市景観の保全を訴える市民運動が各地で散見されるようになった。特に，1999～2006年まで続いた国立市の紛争では，最高裁が「良好な景観の恩恵を享受する利益は，法律上の保護に値する」として，「景観利益」を初めて認めた。そして，紛争当事者となった各地の市民と自治体の取り組みを後押しするために，2004年に景観法が施行された。同法によって，保全の対象は，それまでの歴史的景観から都市景観や自然景観へと広がった。景観法は，景

---

[1]　田村明は，アーバンデザインを都市景観保全とほぼ同義として用い，次のように定義している。「アーバンデザインは，見た目の都市のデザインではすまない。都市の人間生活を豊かなものにしようというもので，ハードだけでなくソフト面も含むトータルデザインである。都市生活の質を高め，文化の香りを高めるためのものである」（田村，1997：100）。

観保全の枠組みを定め，詳細については，任意に自治体が条例で定める仕組みになっている。それまで自主条例として景観条例を定めてきた自治体の取り組みを後押しするという政策的な意図に基づいている。このように住環境を保全するために，環境を景観として視覚的に認識し保全する試みは，徐々に自治体の政策として採用されつつある。また，自治体が運用するまちづくり条例でも，市民，専門家を交えて，場所の社会的な意味についての合意形成を通じて，紛争を回避する取り組みが進められている。景観保全に関連する法制度は，自治体政策のなかで重要度を増しており，市民と自治体が保全主体として積極的に関わることが期待されているのである。

2　場所の社会的な意味

工学分野では，景観とは「人間をとりまく環境のながめにほかならない」（中村，1977：2）と定義され，「それは単なるながめではなく，環境に対する人間の評価と本質的なかかわりがある」とされる[2]。田村明も，横浜市の行政内部でアーバンデザインを推進した経験に基づいて，「景観とは，人間が地表のあるまとまった地域をトータルに捉えた認識像である」と，中村と同様に視覚的な認識像として定義する。田村の定義にある「地表のあるまとまった地域」とは，自然と人工物とが混ざり合った全体を指す。具体的な物理的対象に言い換えると，さまざまな規模や意匠をもった人工的な建築物と，緑地，山，河川，海などの自然の要素によって構成される，ひとつの連続性のある場所のことである。「トータルに捉えた認識像」とは，まず視覚に基づくものの，視覚以外に聴覚，嗅覚，味覚，触覚を含む五感で感じとれる要素である（田村，1997：25-27）。このように，環境を把握するにあたって，第一に視覚を手がかりにしながらその他の感覚をも重視する意味は，主に視

---

2) この定義は，都市工学の分野で多用されている。たとえば，日本建築学会（2005），篠原修編（2007年），日本建築学会（2009）がある。

覚的な認識像を基盤とする景観の概念そのものに由来する留意点に注意を喚起している。風景と景観の保全計画について研究する西村幸夫も同様に，景観の語法に注意が必要と論じる。西村は，景観の定義を風景と比較し，「「景観」という用語は都市計画が量の充足から質の追究へ，二次元の規制から三次元の構想へと舵をきるに際して新鮮で魅力的な用語」だとしつつも，景観の語感が「人工的あるいは操作的で，無機質な専門用語の色彩から抜けきれない」（西村, 2000 : 9）と指摘している。田村も同様に，学問的な概念としての景観よりも風景のほうが，柔らかで心情的な響きがあると述べている。確かに，景観という言葉が想起させる建物，道路，街灯などの人工的な工作物のあり方のみに焦点を当て，それら工作物の意匠のあり方さえ決まれば，景観保全がなされたと判断されては，本末転倒である。特に都市景観のように景観の構成要素に人工物が多い場合は，人工的に場所を形成する概念として用いられる事態が考えられる。景観とは，ゼロから創り出すテーマパークのような空間を指しているのではない[3]。景観保全とは，単に，物理的な特徴を維持管理するという意味での保全なのではなく，場所に反映された社会的な意味を読み取ることが必須なのである[4]。

---

[3]　景観について，鳥越晧之は，主に公共事業によって全国の山，川，田んぼの畦，水路，公園などが，安全や美観の確保を名目に人工的なコンクリートで作られた空間に変えられて，個性を失ったとする。そして，景観は「生活が景観をつくる」という本来の意味から乖離してはならないと警鐘を鳴らす（鳥越, 2009 : 16–70）。同様に，身近な景観を意識化しようと試みる「生活景」をめぐる議論でも，地域風土や生活環境が重視され，景観は場所の社会的な意味を読み取ることが重要と指摘される。「生活景とは，生活の営みが色濃く滲みでた景観である。すなわち，特筆されるような権力者，専門家，知識人ではなく，無名の生活者，職人や工匠たちの社会的な営為によって醸成された自主的な生活環境のながめである」（後藤, 2009 : 25）。

[4]　場所の社会的な意味は，「場所性」という言葉を用いて論じられることがある。地理学と社会学の分野において，エドワード・レルフは，「場所」と「没場所性」を対比しながら，場所の社会的な意味について論じている。景観については，「経

景観と同様に空間を視覚的に捉える概念には，風景がある。風景と景観の概念は，一般的にはほとんど同じような意味で使われているが，この2つの概念の相違点とは何であろうか。それはまず，空間を見る者の認識する射程が，風景のほうが景観よりも広域であるため，人工物の先に遠景としての自然が含まれる点である。そして，西村は，「山や海，平原や農地などの空間はそのままでは風景とはならない。これらの空間を評価する軸があって初めて風景となるのである。農地と国土，地方の山野などの空間を鑑賞の対象として命名し，意識化するという行為が存在しているのである」（西村，2000：10-11）と述べ，景観と同様に，風景にも社会的な意味が重要であることを強調する。ただし，相違点は，認識する主体にある。田村は，都市景観として環境を認識するさまざまな主体のなかで，生活者の視点が重要な役割を果たすと論じる。場所の社会的な意味を把握するためには，地域に関わりを強く持っている主体という意味で，生活者の視点が不可欠であり，ただ鑑賞の対象とされるだけの風景とは区別する[5]。

　　験という点からみれば，景観は物体や地形，家屋，それに植物の単なる寄せ集めとしてしか理解されないということはない。これらは物質的な条件であるにすぎず，個人的・文化的な態度や意図の特定の組合せがそれに意味を与えてはじめて，本当に理解できる。景観はその自然的および人工的な特徴と，それを経験する者にとっての意味との，特定の結合状態から生じる特質を常に持っている」（レルフ，1976：122＝1999：253）と述べる。社会学では堀川三郎（1998）が，小樽市の運河の歴史的景観の保全運動を分析し，交換可能な「空間」を対象とした都市計画論と，地域特有の風土，歴史的な記憶，郷土愛によって規定される場所の社会的な意味とを対置し，「場所性」と呼んでいる（堀川，1998：127）。

5）　田村明は，都市景観について次のように述べている。「自然景観を主として鑑賞する風景は，おおむねとして旅行者の目で評価してよかった。だが，都市景観の場合は，多数の生活者を抱え，生活の場と離れて存在できない。生活者の立場からの評価が必要なはずだが，多くの生活者は無関心で，権力者からしか問題にされてこなかった。そこで風景論的な立場からは，都市景観は除外されてきたのである」（田村，1997：33）。

景観の定義に包含される物理的な環境のあり方については，アメニティという概念で論じられることもある。アメニティは，都市環境を論じる際に，自然環境と人工物によって構成される都市環境を捉えるための概念として用いられる。アメニティの概念は，イギリスの1909年に制定された住宅都市計画法以降，衛生，利便性と並ぶ重要な法律概念として用いられてきた（植田，2005）。西村によると，都市計画の重要な柱として，「あるべきもの（たとえば，宿所，温度，光，きれいな空気，家の内のサービスなど）があるべき場所にあることおよび全体として快適な状態」と曖昧に定義されながら，開発行為に対する計画不許可の理由として頻繁に用いられる。

　また，イギリスでは歴史的環境，野外広告，樹木を主な構成要素としてアメニティの保全が図られてきたため，「アメニティの議論がわれわれに教えるのは，アメニティはあくまで物的な環境としてとらえられるということであり，日常生活にまつわる数々の思いはすべて物的環境に帰結し，そしてその限りにおいてコントロールの俎上にのせることができるという視点である。アメニティはたんに感覚的な「快適性」を指しているのではない」（西村，2002：148）と強調される。アメニティの概念は，この概念を用いて快適な人工的な環境および自然環境を把握する点，その評価には地域社会における合意が重要である点で，景観と似た意味を有する。

　ただし，アメニティと景観の2つの概念の相違点は，アメニティが環境の物的な要素を指し示しているのに対して，景観が，視覚的な主観を主な手がかりにして把握可能な物理的な環境についての認識像を指し示している点である。アメニティと景観は，同様の都市環境の状況を捉えるために用いられる概念であるが，環境の状況そのものを指し示すアメニティと，その環境の認識像を指し示す景観とでは，概念が活用される際の意識を向かわせる方向に，若干の違いがあると考えられる。

　以上では，景観の概念について，風景，アメニティとの相違点を検討した。景観の特徴は，地域社会の生活に密着した主体の視覚的な主観を，環境を把

握する主な手がかりとするため，各認識主体によって異なる内容を持ちうることである。そのため，景観保全策のあり方を考察する際には，地域に生活する主体の立場に立って，住環境に対する視覚的な認識像を共有し，地域社会で合意する社会過程を踏まえる必要が，景観保全策の原理として自ずと生じるのである。

第2節　都市景観の保全策の留意点

1　都市景観保全の困難

　田村が述べるような住環境の社会的な意味に関して，視覚的に認識する者を住民に限らず地域で活動する主体として捉えると，景観保全と地域で活動する主体の活動目的の間に親和性のある場合は，保全する規範が確立されやすい。言い換えれば，景観保全と観光や企業活動の地域振興策が結びつきやすい地域では，建物の高さ制限や，電線の地中化，街路樹の保全，街灯の色味などの統一・調整が，住民，事業者，自治体によって取り組まれやすい。たとえば川越市のように，景観保全が観光振興策の一部として捉えられている歴史的景観は，比較的保全されやすい。

　また，土地利用が均質的である場合も，景観保全の規範が確立されやすい。住宅地において，土地利用の目的が居住に特化され，建物が均質であり，多くの住民の住む理由の中に景観が意識されている場合は，景観保全が促進されやすい。近年，兵庫県芦屋市では，景観法に基づいて市内全域を景観地区に指定し，景観条例に基づく景観認定審査会が，建物の規模が周辺の建物と大きく異なることを理由にマンション建設を認めない事例も生じている[6]。

　では，郊外のような住宅街ではどうであろうか。郊外の住宅街の多くは，

---

6) 朝日新聞（2010年2月13日）を参照。芦屋市の事例の経緯については，荏原（2011）が詳しい。

良好な住環境を具現する都市景観を保全する主体と規範が確立されづらい。土地建築物の利用目的が非均質的な地域であるがゆえに土地と建物の利用目的が一様ではなく，規範の確立が困難なためである。そのため，都市景観保全は，保全を促進する規範と，個々の地権者の土地利用計画が対立した場合の利害調整が重要となる。個々の地権者の土地利用計画は，都市特有の土地利用の影響を色濃く受ける。都市ではまず，人口が密集しているため，自ずと活用可能な空間が限られる。そして，利害調整が必要な当事者としては，個人，事業者，行政が考えられる。行政の場合であれば，公共施設の管理計画を策定するときに，行政や議会を通じた市民の働きかけによって修正される可能性がある。しかし，土地購入者が個人や企業の場合，購入者は個々の利益を最大化するために土地を利用する。土地購入者が個人の場合は，35年間などの住宅ローンを組んで土地を取得し家を建てるため，個人的に心地よい空間を，敷地内を存分に活用して表現しようと試みる。また，相続時には，複数の相続人が相続しやすいように土地を切り売りすることもある。土地購入者がマンションデベロッパーであれば，土地取得と建設に要した費用よりも高額な値段になるように，建築基準に収まる最大規模の建物をデザインするか，あるいは小規模にして一住戸あたりの価格設定を高く設定して販売する。土地と建築物は，個人であれば人生をかけ，企業であれば利益の最大化を図るために，活用する主体による利益追求活動の媒体となる。土地と建築物の扱いによって，各主体の経済活動が大きく左右されかねないため，各主体が有する土地と建築物をめぐる利害に対する意識が，地域社会での合意に向けた協議の妨げになっていると考えられる。また，特に都市景観は，歴史的景観や自然景観と比較すると，都市化に伴って細分化された土地所有が合意を困難にする要因となる。

　これらの合意困難な状況が，紛争の際に顕在化する。紛争事例における争点には，主に大規模跡地の開発のあり方，土地と建築物に対する規制緩和に

よる開発のあり方,用途地域指定のあり方が挙げられる[7]。それらの紛争の要因に共通する問題は,周辺環境と大きく異なった土地利用と建築を誘発させることである。このような現状から,住環境の保全策としての都市景観の保全は,土地利用と建築行為を規制および誘導する法制度と,土地利用と建築行為に対する利害関係者の意向が相反しないようにする法制度を必要とする。法制度を実施する過程を,本書では,法制度を活用する社会過程として捉えて,場所の社会的な意味について合意する社会過程とともに,都市景観の保全策を構成する重要な社会過程として捉える。法制度を活用する社会過程は,公論としての規範を確立する手続きと,都市景観保全の基準を具備する必要があるのである。

　日本での現行の法制度は,都市計画法と建築基準法により,基本的な都市計画の考え方は,財産権を保護しながら,一定の秩序ある土地利用と建築行為を促すことになっている。住環境の保全策は,法制度に定められた手続きを通じて,土地の利用方法と建築行為について地権者間の合意が明示される場合は,国の法律に定められた全国画一的な最低基準の例外とすることが可能である。しかし,問題となるのは,現行の法制度が,経済活動における財産権の円滑な行使を前提とする一方で,地域社会の合意に基づいた連続性のある土地利用と建築行為を促進する機能を十分にもたないために,地域社会での空間像の乖離と,それに基づく紛争の誘因になっていることである。この現行法制度の問題点については,第2章で述べる。

---

[7] 主に紛争当事者と都市計画と建築の専門家とで構成されるもめタネ研究会が発行する『もめごとのタネはまちづくりのタネ』(2005) による。23件の建築に関する紛争について報告されている。この報告書と同様に,岡田知・松倉寛・室田昌子 (2007) は,主に東京都と川崎市のマンションをめぐる33件の紛争を調べた結果,用途地域の指定方法,規制緩和が問題となっていると指摘するとともに,紛争予防条例が問題解決の役に立っておらず,かえって紛争を激化させる要因になっていると指摘している。

2　保全対象の認識

　都市景観の問題は，環境問題の1つでもあり，そこでは環境破壊の範囲に対する認識が問われる。ただし，これまでの環境問題と異なる点は，環境への影響を把握する方法にある。

　これまでの環境問題に関する研究では，主に人間の行為が社会と自然環境の相互にもたらす影響について，加害と被害の関係に着目して把握されてきた。公害の被害は，有害物質に直接接した本人とその家族の生命・健康，生活，人格，そして，それらの被害が拡がり地域社会にまで及ぶ（飯島，1993：80）。また，近年の環境問題では，個人が日常生活を送る過程で環境破壊の当事者になっていることがある。生活するのに必要な限られた選択肢から選択を強いられるために，加害者側と被害者側の区分が困難であり，社会基盤に関する問題や地球環境問題のように，日常生活の営みが，結果的に環境破壊に無意識に加担してしまうのである。このような環境問題において，選択主体にとっては最適と考えられる選択が，社会全体にとっては最適にならない状況が生じる。舩橋晴俊は，このような状況を「社会的ジレンマ」（舩橋，1989：23-50，1995：5-20）と呼び，受苦圏と受益圏の間の社会的ジレンマの生じ方別に，「自己回帰型」，「格差自損型」，「加害型」と区分し，さらにそれらを，受苦を生じさせる主体の類型別に区分し，合計7つの分類から環境問題を把握する視点として提示した。社会的ジレンマ論は，受苦と受益の関係の主体，空間，時間軸に沿って変化する関係性を定式化することで，環境問題の状況を把握し解決策を模索する視点を提供する。そして，社会的ジレンマ論で整理される受苦圏と受益圏の関係を，問題把握と補償内容の検討時の有用な判断材料とし，環境問題の解決に向けた関係主体の積極的な行動を促進することが社会的な課題と指摘された。

　都市景観の保全は，他の環境問題と同様に社会的ジレンマが生じる問題であるが，景観破壊における受苦圏と受益圏の構図は，企業，購入者，住民，

自治体，国の利害の時間的な経過に伴う変化の捉え方によっても異なる。場所の社会的な意味についての合意形成がなされていないと，受苦圏と受益圏の構図についての認識が一致しないため，社会的ジレンマを把握することすら困難になる。都市景観の保全策において，受苦圏と受益圏の構図を捉えるには，保存すべき都市景観の内容が，土地利用と建築行為のあり方に関する社会的な規範に由来するという景観の特質を踏まえた考察が必要になる。場所の社会的な意味は，都市景観の保全対象を判断する材料として機能する。そして，公害などによって生じる健康と生命の受苦を測定する医学的な基準とは異なり，多様な場所の社会的な意味について合意しなければならず，受苦の発生源はより多元的である。場所の社会的な意味は，共有可能な認識として形成されなければならず，保全のための特定の物差しが予め存在するわけではないのである。そして，郊外地域の都市景観は，歴史的な地域と異なり，場所の社会的な意味が明確に市民や行政に認識されているとは限らない。土地利用と建築行為のあり方に関する社会的な規範は予め明確になっていないため，公論として確立される必要があるのである。

第3節　公論と都市景観の保全策

1　公論の機能

　公論と開発事業計画の関係について扱った先行研究では，経済活動の主体，もしくは，経済活動の枠組みを国策によって形成する国に対して異議を申し立てる地域住民の取り組みの重要性が指摘されてきた。なぜなら，国家による政策上の優先順位と，市場の論理に基づく土地利用や建築計画が地域社会の目指す空間像と乖離をきたす場合，開発は必ずしも地域社会を豊かにするとは限らないためである。似田貝香門は，国が高度成長期に政策的に推し進めた地域開発による生活環境の破壊に対抗する住民運動についての実証研究のなかで，住民が共同で地域の住環境を保全するための訴えが，私的な空間

の所有と対峙する「共同性の観念」に基づく「批判的公共性」として，開発主体の企業と国による開発推進のための政策に対抗する力を持ちうると論じた（似田貝, 1976：373）。また，鳥越皓之は，かつての小作人と土地所有者の関係と同様に，住環境を考える際にも，場所を使用する居住者たちに場所の社会的な意味を形成する権利が社会的に認識されることの重要性を指摘する（鳥越, 1996：98-102）。このように，地域社会によって付与される場所の社会的な意味は，私的な所有に基づく経済的な価値を相対化する論理を形成する。公共性の意味内容を国家が独占的に定義してきた仕組みから，より多元的な意見を反映させ，経済的な価値が相対化されることによって，公共性の意味内容が転換すると論じられてきたのである。

　日本の地域社会における規範が公共政策や法制度を支える公論としての意味を持ちうると論じたこれらの先行研究は，ハーバーマスの公共圏論の「自律的公共性」に関する議論と類似する。ハーバーマスは，資本主義の進展に伴い，国家と経済社会によるマスメディアを通じた操作によって，公権力を批評する公衆が情報を消費する大衆へと変質し，自律性を失い消失するといったんは分析した（ハーバーマス, 1990：267＝1994：231）。しかし，アイデンティティや生活などのテーマに関する市民運動を目の当たりにしたため，自由意思に基づく非国家的で非経済的な公衆が公権力を批評することによって，社会の多様性を踏まえた公共性の意味内容が形成されると修正した（ハーバーマス, 1990：11-50＝1994：i-xlviii, 1992：443-444＝2003：97）。

　国家と市場経済とは異なる領域で自律的に形成され，対抗的かつ補完的な機能を持つ公共性を存立させることは，持続可能な社会に向けた長年の社会的な課題である。そのため，政策論においても，公論が具体的な社会問題の解決に向けて与える影響についての考察が必要となる。日本の住民運動の実証研究と公共性の歴史についての先行研究は，公共性の意味内容の規定要因として，市民の取り組みに大きな重要性を見出している。この公共性の意味内容についての研究結果を，日本の都市空間をめぐる問題を解決する具体的

な政策論に取り入れるためには，都市景観の保全策を構成する2つの社会過程，すなわち，地域的な住環境の保全に向けて法制度を活用する社会過程と，場所の社会的な価値について合意する社会過程の両方を見据えながら，既存の事業計画を〈修正する機会〉について検証する必要がある。

2　公論形成の要

　公論と市民による取り組みとの関係については，自治体との協働が重視される。都市景観の保全策では，自治体が多元的な意思決定の要となれるか否かが問われている。自治体は，国と連携する役割と，市民と協働して地域問題を解決するという2つの役割を持つ。元来の法制度に規定された自治体の役割は，団体自治と住民自治に区分される。団体自治は，憲法92条において「地方公共団体の組織及び運営に関する事項は，地方自治の本旨に基いて，法律でこれを定める」と定められている。自治体の自律には，「地方公共団体」として，国とは異なる自律した機関であるという意味が込められている。そして，住民自治は，首長，議員の選挙（93条2項），住民投票（95条）が憲法によって保障され，地方自治法においても，直接請求，監査請求，議会解散請求，議員と議長の解職請求が，具体的な自己統治の権利として定められている。これらの規定は，住民が首長と議会へ働きかけて，自治体を自ら統治する手段である。この住民が議会と首長という自治体に備わる議論の仕組みを活用して，間接的に自己統治することは，住民自治と呼ばれる。これらの団体自治と住民自治は，これまでの自治体を単位とした地域社会における自治を説明する方式であった。

　しかし，近年は，これら2つの自治の説明に収まらない仕組みが実施されている。その仕組みとは，自治を確立する手法が，自治体を通じた間接的な仕組みに限定されることなく，自治体の行政活動に市民の意見を直接的に反映させる仕組みである。具体的には，審議会による審議過程，行政計画の策定過程と行政が行う事業の提案過程に，市民，専門家，NPOの参加を促す

手法である。これらの主体が主体的に活動し，地域社会の意見を，自治体行政に反映させる回路が確保されつつある。各主体の意見を持ち寄り，公開の場で議論することで，自己統治の論理とそれを担保するための法制度を確立することが目指されている。その際に，市民の意見が，議会での議論に加え，公募市民を含む審議会，市民の意見を反映させるための行政による説明会，公聴会を含む個別の事業を前提とする協議手続き，地区ごとに設置される協議会，パブリックコメントを通じて明らかになり，それらの意見の妥当性が，複数の議論の場で検討されるようになった。

　これらの新たな取り組みが生じてきた背景には，行政の上意下達の仕組みでは，多様で複雑な社会問題に対応できなくなった社会状況がある。特に阪神・淡路大震災と東日本大震災で共有された教訓は，災害が社会の幅広い人々に衝撃を与える出来事であったために，その後の社会にも大きな影響を与え続けている。たとえば1995年の阪神・淡路大震災直後に，全国から集まったボランティアが被災地への支援に不可欠だったため，その後の社会でもボランティアの力を活かすべく，1998年にはボランティア活動をNPO法人として事業化しやすくする法律としてNPO法が施行された。また，2011年の東日本大震災における原発の安全神話の崩壊により，さまざまな分野で，専門的な知見の扱い方が社会を左右する重要な論点であるという認識が拡がった。それらの日本社会全体が共有しやすい教訓は，分権型社会を目指す改革の取り組みとも合流しながら，自治体政策の枠組みに影響を与え続けており，都市景観の保全策もそれらの変化の一角を占めている。

　自治体が進める都市政策の原点は，国が進める都市計画の限界を乗り越えることにあった（似田貝，1987：134）。その上で，市民と自治体の関係については，「住民諸主体の諸活動の総体が自治体であり，自治体行政もまた，この諸活動の一つにすぎない」（似田貝，1987：141）と指摘される。また舩橋は，新幹線公害問題を題材にした実証研究に基づいて，公共事業が周辺住民の生活に及ぼす悪影響の軽減に向けた市民と自治体の取り組みの重要性を

強調する。市民と自治体の努力によって，事業の推進主体である国が周辺住民の生活に与える悪影響を改善するために講じる対策内容に，市民の意見を十分に反映させることができると論じた（舩橋，1990：316-319）。これらの市民と自治体の連携に関する議論は，自治体が担う2つの役割に着目している。「自治体行政の公共性は（中略）法などによる画一的な基準によって形成されるだけではない」（似田貝，1987：143）との指摘にあるように，都市景観の保全策においても，自治体は，国が促進する経済政策の一環として都市計画を進める機関としての役割だけではなく，市民の住環境を守る機関としての役割を担っている。自治体は，場所の社会的な意味について合意する社会過程と，住環境を保全するための法制度を活用する社会過程の両方で積極的に活動する主体として，役割を果たすことが求められているのである。

　以上，第1章では，現代社会のなかで景観保全についてどう捉えるべきか，基本的な定義をめぐって検討した。つづいて第2章では，都市景観に関連する法制度について検証し，それらの問題点について指摘する。第3章では，マンション紛争時に地域的な景観保全意識が高揚し，市民が専門的な知識を用いて既存のマンション計画の対案として地区計画を策定した国立市の事例を参照し，都市景観保全を日常生活のなかで可能にする要因について論じる。第4章では，第3章で分析する都市景観保全の契機を捉えたまちづくり条例に着目して，現行法の下で市民と自治体が選択可能な〈修正する機会〉の法制度上の位置づけについて整理する。第5章以降では，国分寺市，狛江市，逗子市が運用するまちづくり条例の協議手続きの運用状況について分析する。終章で，それらの事例分析から得られた知見を整理し，都市景観の保全策の課題を明らかにしたい。

第 2 章
都市景観保全に関連する法制度

第 1 節　日本の都市計画が前提とする土地所有権

　日本の法制度は，都市景観の保全に向けた社会的な規範を活かす法制度が，個別の利益を最大化する行為を緩やかに規制する法制度と比べると弱い。景観保全を困難にする大きな要因は，特に日本の都市計画に関連する法制度にある。住宅街の都市景観が変化する契機は，地権者が高額な相続税を精算するために土地利用を変更するときや，工場閉鎖に伴い大規模な土地の利用法を変更するときなどである。このような土地の用途が実際に変更される際に，景観破壊を助長する制度として批判されてきた法制度が，都市計画法と建築基準法である。「都市計画と建築規制を通じて一定のイメージに即した町並み・街区さらには都市像を具体的に創りだしていこうとする指向」（原田，2001：39）が弱いと指摘されている。この他にも，都市計画法と建築基準法には景観の保全に向かう都市像が欠けているという指摘は枚挙に暇がない（五十嵐・小川, 1993／間宮, 1994／石田, 2004）。それらの都市計画についての指摘は，景観が土地所有権の保護を前提にした都市計画から大きな影響を受けることにも関係している。

　そこで，まずは日本の都市計画における財産権の位置づけについてみていきたい。日本の都市計画は，憲法による財産権保護の規定を頂点に，私人間の事柄に関する法律としての民法と，都市計画法や建築基準法などの公法にまたがった法制度によって定められている。

　土地所有権は，まず憲法 29 条の財産権の保護に関する条文を前提としている。憲法 29 条 1 項の「財産権は，これを侵してはならない」とする規定は，私有財産制の保障を意味する。しかしこの条項は，財産権が不可侵であることを意味しているわけではない。続く 29 条 2 項では，「財産権の内容は，

公共の福祉に適合するやうに,法律でこれを定める」と表現されており,財産権が法律によって制約されると定められている。また,29条3項では,「私有財産は,正当な補償の下に,これを公共のために用ひることができる」と定めており,私有財産を公共のために制限する場合は,補償が必要となる。これらの憲法上の規定によって私有財産権が保障される一方で公共の目的の下では制約がかかりうる（芦部,2002：213-220）。都市景観の保全を考える上で,基礎となるこの法制度の体系は,どのように形成されたのであろうか。日本国憲法にたどり着くまでの経緯を,海外からの影響も踏まえて考察する。

現在の財産権の保障についての基となる考え方は,フランス革命を通じて封建時代から立憲君主制へ転換した革命の帰結として,フランス人権宣言に明記された。フランス人権宣言17条では,「所有権は,神聖かつ不可侵の権利である」との条文により,個人の人権の不可侵性を重視する自然法的な思想の一環として,所有権の不可侵性を謳っている。フランスでは,このフランス人権宣言における絶対的所有権は,1804年のナポレオン法典において法律として確立した[1]。

日本の財産権保障に関する考え方は,明治憲法27条に,日本国憲法より限定的な内容として記されていた[2]。財産権の保障について明記された明治憲法は,1868年の明治維新から約20年を経た1889年（明治22年）に制定された。この年は,国会が開設される1年前に当たる。明治憲法にプロイセ

---

[1] フランス革命期の法律家による議論を検証した吉田（1990）によると,1804年のナポレオン法典制定時における所有権の位置づけについては,フランス人権宣言における所有権の不可侵性を基調にしつつ,すでに法律家の間では社会的な制約の必要性が論じられていた。しかし,絶対的所有権については,ナポレオン法典の制定以後の19世紀中葉から後期にかけた資本主義社会の進行に伴って,徐々に有産階級の所有権への批判に対抗し擁護するための学説が展開された。ただし,20世紀に入ると,絶対的所有権に対する批判論が高まり,それを積極的に主張する者はいなくなっていった。（吉田,1990：192-219）。

[2] 明治憲法の条文に関する解釈については,伊藤博文（1940）を参照。

ン王国の憲法が参照された理由は，当時，憲法制定のためにドイツを訪問した伊藤博文の意向により，議会優位のイギリス型の立憲君主制ではなく，君主を前提とするドイツの立憲君主制を選択したためであった（村上，1997：22-23）。

　明治憲法にも，日本国憲法29条のように，財産権について記した箇所には「財産権を侵さるることなし」とある。ただし，あくまで財産権が保障される主体は，君主の支配下にある臣民である。さらに，27条2項には，「公益の為必要なる処分は法律の定むる所に依る」とある。明治憲法下では，帝国議会は，天皇の協賛機関（明治憲法5条，37条）として，天皇に対して上奏（同法49条）および請願（同法50条）することは可能であったが，日本国憲法下で国会が立法する体制とは異なっていた。このため，「公益」の中身も天皇の裁可が必要であり，必然的に日本国憲法での「公共の福祉」とは内容が異なる。天皇主権を全面に位置づけた明治憲法にあっては，財産権も天皇を中心にした社会の中に位置づけられたのである。

　第二次世界大戦の敗戦直後の1946年に制定された日本国憲法における所有権は，ドイツが1919年に制定したワイマール憲法153条3項の，「所有権は義務を伴う。その行使は，同時に公共の福祉に役立つべきである」との規定に基づいて，憲法29条が規定された。ワイマール憲法以降の世界各国の憲法のほとんどが，財産権の義務について記しており，日本の憲法もこの潮流のなかで制定されたのである（芦部，2005：213）。財産権の基本的な位置づけは，憲法11条の「侵すことのできない永久の権利」である基本的人権を構成する経済的自由権の1つとして位置づけられている。自然権としての人権に基づいた制度であるため，財産権は，法律すなわち立法権によっても侵害されることのない権利である。しかし，日本国憲法で述べられている財産権の保障は，フランス人権宣言で記された財産権の不可侵性とは異なる。私有財産制自体は，いかなる法律によっても侵害できないことを制度として保障する一方で，日本国憲法29条における財産権の内容は，公共の福祉に

適合するように，法律によって制限を受けると解される（芦部，2005：214）。したがって，日本の財産権は，明治の大日本帝国憲法から，第二次世界大戦後の日本国憲法に変わったことを受けて，私有財産制の保障と制限に関する規定が同時に明記されることになった。財産権の内容を，公共の福祉の内容に適合させるこの法制度には，自治体が定める条例も含まれる。

第2節　旧都市計画法期

1　旧都市計画以前の民法の役割

　都市計画法が制定される以前に日本全国を対象とする土地利用のあり方を定めていた法律は，民法であった。所有権の内容として，第206条において「所有者は，法令の制限内において，自由にその所有物の使用，収益及び処分をする権利を有する」と定めていたが，これは日本国憲法第29条1項と2項における，私有財産制の不可侵性と公共の福祉に基づく制限に対応している。そして，民法第207条における土地所有権の範囲については，「土地の所有者は，法令の制限内において，その土地の上下に及ぶ」と定めている。また，その上で，土地所有権を制限する相隣関係（第209条～第238条）の規定として，隣地の使用と通行，排水，流水，および，隣地への物理的な越境，観望，境界線付近の掘削について定めている。

　これらの土地所有権に関する規定は，大日本帝国憲法の制定と同時期に，策定作業に取り組まれ制定された。村上淳一によると，1879年以降，当時すでに法律顧問として明治政府から日本に招聘されていたフランス人法学者のギュスターヴ・エミール・ボアソナードとその弟子の日本人たちが草案を作成し，1890年に公布された。この草案は，1870年から取り組まれていたナポレオン法典（1804年制定）の日本人による翻訳事業と，ボアソナードの10年間の草案作成期間を含めると，30年間を費やした成果であった。しかし，当時の日本には個人が所有するという私権の考え方はなく，土地を所有

し管理することは家職の一環であったため，草案は激しい批判を受け，施行は延期された。ボアソナードらの草案に反対する論者の主張が勝り，新たに設置された法典調査会では，帝国大学の民法の教授陣が，ドイツ民法典第一草案を含む諸外国の最新の法律を参照しながら草案をまとめ，それが 1898 年に民法として施行された（村上，1997：45-52）。明治以降の日本の空間は，都市計画法と建築基準法が制定されるまでの約 20 年間，この民法による相隣関係の規定に基づいて形成されていたのだった。

2　日本の都市計画のはじまり

　日本における都市計画の全国的な展開は，1919 年（大正 8 年）に制定された都市計画法（以下，旧都市計画法と記す）と市街地建築物法の 2 つの法律から始まった。そしてこれ以降，今日までの間に都市計画法は，1968 年に現在の都市計画法へ大改正され，市街地建築物法は 1950 年に建築基準法に代わって現在に至る。これらの法律が必要になった背景には，日本の都市化の歴史が影響している。まず，旧都市計画法と市街地建築物法の制定背景からみていきたい[3]。

　明治維新（1868 年）から間もなく，政府主導による特定の街区を対象とした市街地整備が試みられた。1872 年に旧会津藩邸からの出火が原因で起きた銀座の大火をきっかけに，明治政府が，消失跡地の復興に際して，大蔵省お雇い外国人のウォートルスに，銀座煉瓦街建設の設計を依頼した。この建設計画は，ヨーロッパのような煉瓦づくりの建物と拡幅した道路を建設することが目的であった。この建設計画は，住民などの抵抗や建材調達の難航，新しく作った建物の一部に買い手がつかなかったため途中中断があったものの，917 棟を建設するに至った。他にも，1886 年頃には，日比谷官庁集中

---

[3]　以下，日本に都市計画が導入された経緯については，石田（2004）の 13-35 頁と 80-115 頁を参照。

計画として，現在の有楽町駅周辺から国会議事堂，日比谷公園，浜離宮のあたり一帯で，まだ完成間もない銀座煉瓦街も含む地域に，大きな広場や公園，記念碑，大通りを建設する計画があった。この計画は，ドイツ人建築家のヴィルヘルム・ベックマンに依頼して作成された。しかし，検討の過程でこの計画は頓挫した。

1888年に，政府は東京市のまちのみを対象とする東京市区改正条例を制定し，都市基盤の形成を目的として，その財源を定めた。東京市区改正事業は，内務省に設けられた市区改正委員会が，国家事業として年度ごとに発表した。以後1918年までの30年間に，さまざまな計画案があったが，下水道事業と市街鉄道敷設に伴う道路事業が行われた。この方法は，1918年に京都市，大阪市，神戸市，名古屋市，横浜市にも準用された。

これらの街区を建設する計画だけでは収まらず，日清戦争（1894～1895年）と日露戦争（1904～1905年），第一次世界大戦（1914～1918年）による軍需拡大の影響を受けて，工業都市として人口を伸ばす都市が増加した。また，それらの都市を中心とする郊外地域も急速に広がった。その結果，市街地は乱雑に拡大していき，江戸時代までに形成された街を市区改正のなかで再編するだけでは追いつかなくなっていった。このため，政府は，新たな法律として，旧都市計画法を制定することにした。

3　旧都市計画法時代の都市計画技術

旧都市計画法では，区画整理制度，建築線制度，地域地区制度が導入された[4]。区画整理制度は，まだ農村地帯であった郊外に市街地化を進めるために，道路，公園，敷地条件を定めるための制度である。地主が組合を設立して，計画を策定する仕組みであった。しかし，すでに1900年に施行された

---

4) 旧都市計画法で導入された都市計画技術については，石田（2004）の34-115頁と原田（2001）の13-70頁を参照。

耕地整理法があり，同法の手続きを用いて土地区画整理が行われていたことと，政府から補助金と低金利融資が受けられたことから，区画整理制度はあまり活用されなかった。活用されるようになったのは，耕地整理法が1931年に改正され「市ノ区域」での適用ができなくなってからのことである。政府の目的は，宅地を増やすことだけでなく，道路用地を無償で確保できるよう，安上がりに都市計画を進める手段として機能させることにあった。このため，建築物の種類と，敷地規模のみを規定したため，建築物の誘導手段としては考えられていなかった。

市街地建築物法には，用途地域制度が定められた。用途地域の種類は，住居，商業，工業，未指定から成る4種類である。このうち，工業地域は，用途の制限はなく建築してもよい建築物が定められた。また，未指定地区においても，用途制限はなく，工業地域で指定された建築物以外は建設可能であった。このため，建築物の用途を規定するという，これまでの日本の法制度にはない仕組みではあったが，用途数と規制内容において非常に緩い規制に留まった。この規制の緩さは，区画整理制度や建築線を参照したドイツが，地区詳細計画（B-plan）と土地利用計画（F-plan）の2つの計画に適合する建物のみを許可する都市計画とは，大きく異なる仕組みであった。

建築線制度は，道路と土地の境界線を定めるために，市街地建築物法に定められた。この規定により，敷地は幅員2.7m以上の道に接することが必要になった。

旧都市計画法における都市計画決定は，同法に定められた都市計画委員会で議論し，内務大臣の決定を内閣が認可する仕組みであった。この仕組みは，東京市区改正条例のままの仕組みであり，中央集権的なものである。また，全国一律に最低基準を定めたため，状態の悪い地域に引きずられて，基準が低くなった。

これらの旧都市計画法と市街地建築物法による都市計画が，安上がりに道路を確保する道具として位置づけられた。その結果，旧都市計画法から導入

された用途地域制度には，用途の規制力が乏しかった。区画整理制度と建築線制度は，道路を安上がりに確保することに主眼を置いたがために，基準が低くなったのである。都市像を反映した詳細計画に基づく欧米型の都市計画ではなかった。また，日本の急速な都市化に合わせた，全国画一的な基準による中央集権型の都市計画については，どのようにして「都市の発展の総体的なコントロールを目指す都市計画・内容とそれらの集団規定の運用とをうまく連動させ調整していくかという課題は，現在まで残り続けているように思われる」（原田，2001：41）と評される所以となっている。

第3節　新都市計画法の制定以降

1968年（昭和43年），旧都市計画法では都市問題に対処できなくなったため，旧都市計画法は廃止され，新都市計画法が制定された。新都市計画法は，国土計画，地方計画や公害防止計画などの，上位の計画への適合が明記された（13条）。都市計画の決定権限は，形式的には，都道府県が都市計画地区を策定し，市町村に委譲された。しかし地方自治体が独自に決定できたのではなく，都道府県の知事は，決定に際して大臣の許可が必要であり，実質的には，省政令や通達によって，中央政府が意図する都市計画を，機関委任事務として代行することになった。そのため，「「知事＝国の都市計画」が貫徹しており，「市町村の都市計画」は，いわばその残り物にすぎない」（渡辺，2001：154）との評価がなされている。また，都市計画を決定する過程で，住民の意見を書面で述べられるようになったが，意見できる主体の範囲が利害関係者に限られた点，書面でのやりとりだけだった点が不十分であった。

1992年（平成4年），都市計画法が改正された。計画手法として都市計画マスタープランの創設，規制手法としては，用途地域が詳細化された。知事が定める都市計画に加えて，市町村が土地利用を詳細に計画するための計画手法として，都市計画マスタープランが新たに創設された。国会の審議では，

野党から，知事の決定する都市計画区域よりも自治体が策定する都市計画マスタープランを最優先させ，住民からの意見書に対して報告書を作成し，公開を義務化する共同案が示された。しかし結局，与党案の修正版が可決された。90年代から現在までの都市計画法の改正は，一般的な分権を進める95年に成立した地方分権推進法や，それを継承して1999年に成立した地方分権一括法による地方自治法の改正で一区切りした。1998年，1999年，2000年の都市計画法の改正は，分権改革の影響下にあり，今後も改正を繰り返すなかで，基礎自治体により権限が委譲される抜本的な改正がなされることが期待される。

以上において，明治時代の都市計画からの変遷を概観した。日本の都市計画は，明治期の，都市計画の専門家によって行われる対象から，土地利用と建築物に関して予め定められた最低限の基準によって，財産権を緩やかに抑制して都市の環境を規定する仕組みへと転換していったことが分かる。次節では，この基準を実際に，個別の土地利用と建築計画に反映させる手続きについて述べる。

第4節　都市計画の手続き

都市計画は，全国一律に定めた最低基準に基づいて，個別の建築計画を規定することにより，都市景観に大きな影響を与える。この都市計画上の基準を土地利用と建築計画に適合させる手続きが，建築基準法に基づく建築確認制度と，開発許可制度である。これらの都市計画の手続きを通過すると，法制度上の合法的な土地利用と建築物となり，法制度上それらの手続き以降に都市計画を〈修正する機会〉は予定されない。これらの手続きを節目にし，事業者の計画を修正する動機が喪失するため，たとえ事業者に事業計画の見直しを要望しても，事業計画の修正は困難になる。これらの手続きは，個別の建築計画にある財産権を緩やかな最低基準の下に保護するための手続きで

ある。そのため，個別の事業計画を進める際の節目となる。都市景観の保全策においても，これらの手続きが法制度上の節目とされ，保全策はこれらの手続き以前に講じるよう位置づけられている。そこで，以下に，都市景観の保全策を講じる時期を規定する法制度として，建築確認制度と開発許可制度の特徴について述べる。

1 建築確認制度

建築物を建てる際には，建築確認申請を行わなければならない（建築基準法6条）。この審査は，建築行為を確認するか否かについての裁量のない覊束行為である。審査側の裁量がない仕組みのため，審査期間が定められ，審査主体は，行政以外に民間の確認検査機関も行うようになった。

建築主事は，通常の建築物については受理した日から35日以内[5]に建築確認済証を交付しなければならない（建築基準法6条4項）。建築確認事務は，行政と民間の両方で行われている。行政に関しては，人口25万人以上の市の場合，建築確認事務を行うために建築主事を置く自治体が特定行政庁として行う。人口が25万人未満の自治体の場合，都道府県が，特定行政庁として建築確認事務を行う。ただし，都道府県知事と協議し同意を得られた場合，建築主事を置き，特定行政庁として建築確認事務を行うことができる（建築基準法2条35項，4条）。

民間の検査機関による建築確認事務が可能になったのは，1999年の建築基準法の改正からである。この法改正により，特定行政庁でなくとも，民間の確認検査機関も確認審査ができることになった（建築基準法6条の2）。特定行政庁もしくは，民間の検査機関が，建築基準関係規定に基づいて審査する。

この建築確認手続きを経た建築計画は，合法的な建築計画としてみなされ

---

[5] 2006年の建築基準法の改正により21日以内から35日以内に変更された。

るため，建築確認手続きが完了すると，建築主が周辺に調和した計画にするなどの建築計画を見直す動機はなくなる。

2 開発許可制度

1969年の新都市計画法から，開発許可制度が始まった。この制度は，無秩序な市街化を防ぐことを目的として，都市計画法で指定された開発行為が行われる時に，行為者に対して届出を義務づけ，その開発行為の妥当性を判断する制度である。開発行為とは，都市計画法において「主として建築物の建築又は特定工作物の建設の用に供する目的で行なう土地の区画形質の変更」（都市計画法4条12項）と定義される。この定義にあるように，開発許可制度は，建物を対象とした建築確認とは異なり，建物を建てるための土地の変更に対する行為を規制する。開発行為の特定工作物とは，周辺環境への影響が大きい大規模な工作物（第一種特定工作物），周辺の環境への影響を及ぼす恐れのある大規模な工作物である（第二種特定工作物）。具体的に第一種特定工作物として指定される工作物は，コンクリートプラント，アスファルトプラント，クラッシャープラント，危険物の貯蔵・処理工作物などである。第二種特定工作物として指定される工作物は，1ha以上の，ゴルフコース，野球場，庭球場，陸上競技場，遊園地，動物園その他の運動・レジャー施設である工作物，墓園である（都市計画法4条11項，都市計画法施行令1条）。

すべての開発行為に対しては，道路，排水，地盤，緑地帯などの技術基準（都市計画法33条）が適用される。市街化調整区域における第一種特定工作物は，技術基準（都市計画法33条）の他に，市街化を抑制するために周辺地域との関係性を規定した立地基準（都市計画法34条）の両方の条項が適用される。市街化調整区域内であっても，第二種特定工作物の建設予定の土地については，市街化に影響を与えないという理由で，立地基準が適用されない。

対象となる土地は，市街化区域より市街化調整区域の基準の方が，厳しく設定されている。市街化調整区域内における開発行為の場合は，すべての開

発行為が対象となるため，より広範な土地利用が対象となっている。ただし，市街化区域，非線引き都市計画区域，準都市計画区域において対象となる土地は，自治体の定める条例により，開発許可制度の対象とする土地の大きさを，300㎡以上とすることができる（都市計画法33条4項，都市計画法施行令29条の3）。

開発許可権者は，都道府県知事，指定都市，中核市，特例市の長である。ただし，地方自治法252条17の2第1項の規定により，市町村に委任された場合は，市町村長となる。開発許可を得ずに開発行為を行った場合は，50万円の罰金が課される（都市計画法92条3号）。また，都道府県知事は，工事停止命令や原状回復命令をすることができる（都市計画法81条）。これらの命令に建築主が従わない場合は，1年以下の懲役または50万円以下の罰金が課される（都市計画法91条）。

開発許可制度の始まりは，イギリスの開発許可制（planning permission）にあるとされるが，石田頼房は，イギリスの許可制度と比較して，次の3つの問題点を指摘する。1つ目は，対象とする開発行為の種類が少ない。2つ目は，市街化区域の開発規模が1ha未満の場合は開発許可を不要としたため，小規模開発を促進した。3つ目は，市街化調整区域においても例外的に認められる開発行為が多い点である（石田，2004：258）。

第5節　都市計画を修正する機会

日本の都市計画は，地権者自らが財産権に基づいて所有する土地と建築物を自由に処分する行為を，全国画一的に定められた最低限度の基準に基づいて規制している。この規制は，建築確認および開発許可という都市計画の手続きによって行われる。これに対して，都市景観保全のための法制度は，都市計画が有する地権者の財産権を保護する機能を緩和して，規制を強化することで，都市計画の基準と手続きにおいては合法的な建築計画を〈修正する

機会〉を与える。この機会は，現行法においては，地区計画をはじめとする地区指定型の強制力を伴う保全策から，個別の土地利用と建築計画に対して実施される行政指導による保全策まで，法制度上さまざまな形態で定められている。それらの都市計画を〈修正する機会〉は，建築行為を不可逆的に進行させることになる建築確認と開発許可手続きより以前に講じるよう，法制度によって予定されている。以下では，都市計画を〈修正する機会〉としての，行政指導と地区指定型の保全策の運用状況と課題について考察する。

1　行政指導

　全国一律の基準に基づいて行われる，建築確認申請手続きと開発許可申請手続きが行われるより以前に，建築計画を〈修正する機会〉が担保されなければ，場所の空間的な連続性と，場所の社会的な意味は断絶し，景観は破壊されることになる。個別の建築計画が明らかになる時期に，自治体は，都市計画法や建築基準法では対応できない問題について，開発指導要綱に基づく行政指導によって，建築計画の修正を促してきたのである[6]。

　開発指導要綱は，1965 年に最初に導入された神奈川県川崎市の「団地造成事業施行基準」，1967 年の兵庫県川西市に導入された「川西市宅地開発指導要綱」を皮切りに，全国の自治体が行うようになった。なお，建設省と自治体が 1977 年に全国の市町村を対象に実施した調査結果[7]によると，1977 年までに，宅地指導要綱を運用している市町村は，全国 3256 市町村のうち，885 団体（27.2%）であった。1972〜74 年の 3 年間に 611 市町村（69%）が制定した。また，東京圏（埼玉県，千葉県，東京都，神奈川県），名古屋圏（愛

---

[6]　行政手続法より以前の行政指導の定義については，山内（1984）の「一定の行政上の目的を実現するために，行政機関が国民に対して行う指導であって，事実上の強制を伴うものをいう」を参照。
[7]　行政指導研究会（1981）の報告書『行政指導に関する調査研究報告書』に所収された調査結果を参照。

知県,三重県),大阪圏(京都府,大阪府,兵庫県)の三大都市圏において宅地開発指導要綱を制定した市町村数は363であり,制定した市町村数に対して41％を占めた。

　市町村が宅地開発指導要綱を制定した目的の内訳[8]は,良好な生活環境の整備(756件)と乱開発の防止(718件),財政負担の軽減(274件),人口の抑制(95件),その他(38件)である。この結果からは,大半の市町村が,良好な生活環境の整備と乱開発の防止を目的として宅地開発指導要綱を制定していたことが分かる。宅地開発指導要綱の適用対象は,宅地開発(836件),宅地建設物(397件),中高層建築物(370件),その他(532件)に適用するものとなった。他の調査結果でも,開発指導要綱は1970年代前半に多くが制定され,都市計画法と建築基準法では対応しきれない部分を行政指導の対象とするようになったことを示している[9]。

　開発指導要綱には,都市計画法の開発許可を必要とする事項について,開発許可基準より厳しい基準が定められている。また,人口増に伴って道路や公園,緑地,学校,保育所,上下水道などの利用量が増加するという理由から,公共施設や都市基盤施設の建設費の負担を要請してきた(上乗せ)。自治体は,新たに地域社会が直面する問題で法令に基準のない日照,ワンルームマンション,宅地以外にもリゾート開発などに関して,近隣住民との協議

---

[8]　ひとつの市町村で複数の目的を有する場合があるため,制定市町村数とは一致しない。

[9]　小林編(1999：22-34)は,1995年までの1都3県で施行された開発指導要綱が備える規制内容と規制対象について分析している。その調査結果によると,①都市計画法などを補完する系統,②都市計画などの適用除外を対象とする系統,③積極的なまちづくりを誘導する系統があった。①都市計画などとは,宅地開発を中心とする中高層や共同住宅などの建築物を対象とする都市計画法と建築基準法のことである。この都市計画などの補完を目的とする指導要綱が,1都3県で1965～95年までに制定された545のうちの76％を占め,そのうちの半数以上が1970年代前半に制定された。

や同意を集めるように行政指導してきた（横だし）[10]。

　自治体が開発指導要綱を制定する背景には，土地利用や建築物のあり方に関する新たな社会問題が生じても，それらの問題に対応する法律がないためである。法律が社会で実際に起きている問題に対応できなくなったゆえの，苦肉の策であった。原田尚彦（2012）の整理によると，指導要綱の内容は，(1) 協議条項，(2) 同意条項，(3) 規制強化条項，(4) 負担条項，(5) 制裁条項によって構成される。これらの条項を含んだ宅地開発指導要綱については，新たな法現象として評価する論者もあった。五十嵐敬喜は，指導要綱や地域協定を，近代法に対する現代法として位置づけ，「市民による土地利用規制」（五十嵐，1979：134）と述べた。指導要綱のなかの近隣住民の同意条項については，「宅地開発事業そのものに対する住民参加を保障するものが多く，計画論における参加を間接参加とすれば指導要綱のそれは直接参加ということができよう」（五十嵐，1979：130）と評価した。また，指導要綱は，市民の道具であるため，「運動なしには生存し続けることができない」（五十嵐，1979：135）と論じた。その一方で，内需拡大と都市開発を促す国の方針に基づき，1983年7月に建設省が制定した「規制の緩和による都市開発の促進方策」では，中高層建築物に関する行政指導に関して，「建築確認の申請書の受理の機会を捉えて行う行政指導は最小限にとどめ，行き過ぎのないよう留意すること。とくに日照等に関して周辺住民の同意書の提出までは義務付けないものとすること」と述べられている。続く同年8月には，建設省から各自治体への通達として「宅地開発指導要綱に関する措置方針」が，国の方針として，より具体的に以下の通りに示された[11]。

　「中高層建築物の建築に際して，周辺住民との調整を求めているのは，日照等に関して周辺住民との紛争を未然に防止させる趣旨と考えられるが，こ

---

10)　開発指導要綱の規制内容と規制対象の推移については，内海（1999）を参照。
11)　国の通達と自治体の指導要綱に関しては，山内（1984）の184–187頁を参照。

の場合にあっても，建築計画の内容の事前公開，問題の生ずるおそれのある場合における話し合い等を求めることは格別，周辺住民の同意書の提出まで求めることは，建築行為を遅延させるなど建築主の権利行使を制限することとなるおそれもあり，適切ではないと考える」。

国から自治体に対するこれらの働きかけによって，建築計画に対する同意書の提出を求める指導要綱の該当項目は，削除されるようになった。さらに，武蔵野市給水拒否刑事事件最高裁判決（1989 年）や行政手続法の制定（1993 年）によって，次第に自治体は，同意書の代わりに，住民に対する説明や協議を義務づけるまちづくり条例を制定するようになっていった。

ただし，現在においても行政法学者の中には，当時の自治体の開発指導要綱が果たした役割を積極的に評価する者もある。原田は，宅地開発指導要綱に基づく要請については，「形式的に見れば，開発者に法定外の負担を課すもので政治行政の原則にそぐわないが，法律の不備を補充しつつ地域社会の急激な変化にともなう住民生活の破綻を防止し，芽生えつつある住民らの新たな人権（環境権，安全権など）の擁護に必要不可欠な対応であった」（原田, 2012：208）と論じる。また，要綱行政が法定外であることを理由にして違法視する見解については，行政指導を肯定的に捉えた判例[12]があったことに触れながら，「あまりに空しい形式論で是認しがたい」（原田, 2012：209）と述べる。こうした宅地開発指導要綱の意義を積極的に認める論者は，自治体が法律上の根拠をもたないことを問題視したり限界があるとみなしてもいるが，一方で，社会状況に鑑みて，現状を法律が整備されるまでの過渡期とし

---

12) 原田が参照した判例は，東京地裁判決（昭和 54 年 10 月 8 日判事 952 号 18 頁）。「夜警国家においてはともかく，絶えず生起する新しい事態に適切に対処し，憲法を頂点とする法秩序の中で，そこに示された福祉国家の理念の実現に努力しなければならない。行政に対するこのような国民の負託を考えれば，非権力的行政活動であるかぎり，法律の欠如が行政指導の禁止を当然に意味すると解する余地はありえない」。

て捉えて，行政指導を許容するべきだと主張する。これらの指摘にあるように，行政指導は，土地利用と建築行為のあり方を修正する機会になりうる。しかし，行政指導を取り巻く法制度は，行政指導の効果を限定的にする傾向にある。行政指導の内容の妥当性は，行政手続法と，市民が有する多様な利害を十分に踏まえた上で，見出されなければならず，自治体は，行政指導を行う際に，訴訟に発展する可能性も視野に入れながら行わなければならなくなっている。

2　都市景観に関連する地区指定型の保全策

　景観保全に関連する法制度は，都市計画法の高度地区（1938年創設），文化財保護法（1950年制定），古都保全法（1966年制定），都市計画法における地区計画（1980年創設），景観法（2004年制定）に，制定目的，保全する対象，基準，手続き，保全主体が，異なる複数の法制度に跨って制定されている。都市景観の保全に向けたこれらの法制度は，独立して存在しているわけではなく，一般的な日本の都市計画を規定する都市計画法と建築基準法とはまた別の，例外的な地区を定める仕組みを法制度に定めている点で共通している。また，自治体が，特定の地区の地権者と住民の合意に基づき，その地区の土地利用と建築行為を規定する基準を定める仕組みを有する。しかし，文化財保護法と古都保全法は，都市計画の例外扱いになる地区の指定によって保全策が講じられるものの，歴史的風致を形成する伝統的建造物やその周辺地域，歴史的に重要な地位を有する市町村にある地域を保全対象としており，郊外の住宅街の都市空間は対象にされづらい。

　その一方で，都市景観の構成要素として重要である土地利用と建築物の規模を規定する法制度として期待されてきたのが，都市計画法の地区計画であった。また，都市計画法の高度地区では，建築物の高さを規定することができる。さらに，景観法の制定により，行政が積極的に取り組むべき政策課題が，より明確になった。そして，景観法によって自治体が策定可能になった

地区内の基準は，土地利用と建築物の規模だけでなく，意匠や樹木へ拡大したため，住宅街の都市景観も保全対象に含まれるようになった。景観法は，さまざまな主体を保全主体として位置づけ，景観保全に積極的に関わることを推奨している。

予め地区を指定し基準を定める法制度は，周辺と調和させるために，有効な法制度とされる[13]。その結果として，土地利用と建築物のあり方をめぐる紛争を回避することが可能である。それらの地区を指定して保全のための基準を定める法制度を，本書では，地区指定型の保全策と総称することにする。地区指定型の保全策のなかでも，市民の意見を反映させるために活用が可能な法制度として，都市計画法の地区計画と，景観法の景観計画と景観地区がある。以下に，それらの法制度の特徴と運用状況を見ていきたい。

〈地区計画〉

地区計画は「建築物の建築形態，公共施設その他の施設の配置等からみて，一体としてそれぞれの区域の特性にふさわしい態様を備えた良好な環境の各街区を整備し，開発し，及び保全するための計画」（都市計画法12条の5第1項）である。この地区計画制度は，地区内の方針と，土地や建築物の規模や形態に関する基準である地区整備計画を定めることができる（都市計画法12条の5第2項）。この地区計画制度では，「当該区域の整備，開発及び保全に関する方針」（都市計画法12条の5第2項）と，地区整備計画が策定可能である。地区整備計画は，地区施設の配置及び規模，建築物の用途の制限，建築物の容積率と建蔽率の最高限度または最低限度，敷地面積，建築物の最高限度または最低限度，建築物の意匠，緑化率（都市計画法12条の5第7項）に

---

[13] 阿部（2003）は，地区計画を定めることにより，開発事業者と既存の住民の双方が強制的に従う基準が予め公示されていることが重要という理由から，地区計画が紛争の予防策として実効性が高いと論じる。

ついての規制を通じて，地区ごとの空間の連続性を担保することを目的とする。地区計画は，2012年度末時点で，6262件が成立している[14]。

〈景観計画と景観地区〉

　景観法の最大の特徴とは，地方分権を前提にした規定である。自治体は景観行政団体（景観法7条）として，景観計画（景観法8条）と景観地区（景観法61条）を策定することができる。景観行政団体には，指定都市，中核都市，都道府県，都道府県の長と協議し同意を得た市町村がなることができる。現在，景観行政団体となった自治体は，673ある[15]（2015年9月30日時点）。

　景観計画では，景観行政団体が，良好な景観の形成に関する計画を定めることができる（8条）[16]。景観計画を策定した景観行政団体は，492団体ある。自治体は景観行政団体として「景観計画区域」を定め，その区域の「景観の形成に関する方針」と「行為の制限に関する事項」，「景観重要建造物」，「景観重要樹木」を定めることができる。野外公告物の行為の制限に関する事項，道路，河川，都市公園，海岸，港湾，公共施設の整備に関する事柄，「届出を要する行為を定める必要があるとき」は，建物や工作物の形態意匠，高さの最低限度や最高限度，壁面の位置，敷地面積の最低限度，その他についての届出を条例のなかで義務づけ（8条），景観計画に適合しない場合は，30日以内か，合理的な理由がある場合には90日以内に勧告することができる（17条）。この勧告に従わない場合は，景観行政団体が，形態意匠に関して

---

14) 都市計画協会，2014，『平成24年度（2012年）都市計画年報』を参照。
15) 国土交通省ウェブサイト掲載の2015年9月30日時点の「景観法の施行状況」を参照。以下，景観計画，景観地区，景観整備機構，景観協議会の実数についても同ウェブサイト掲載の数値を参照。
16) 国土交通省が2011年に全国1797自治体（都道府県，政令市，中核市，市町村）に対して行った「景観形成の取組に関する調査」の結果によると，7割以上の景観行政団体が景観計画を策定する目的として挙げた項目は，自然景観，良好な住環境，歴史的な街並み，景観の悪化の抑制であった（複数選択可）。

のみ変更命令を出すことができる (17条)。

　自治体は，景観行政団体として，景観地区を策定することができる (61条)。景観地区では，景観計画において届出を要する行為として定められる項目と同じ項目について，基準を定めることができる。景観計画と景観地区の相違点は，景観計画が届出に基づく勧告と形態意匠に関してのみの変更命令が可能であるのに対して，景観地区は，都市計画法の地域地区として指定されるため，建築確認の際に建築物の規模が審査対象となる (都市計画法 8 条 1 項 6 号・4 項)。さらに，建築物の意匠については，市町村長の認定を受けなければならない。それらの基準のなかで，建築物の高さと壁面の位置を制限している地区が多い[17]。自治体が景観地区を定める理由は，景観計画より強制力のある景観を形成するためである。また，景観地区を指定した自治体は，同地区内の建築行為に対する認定審査を通じて，裁量的な判断による景観保全の機会を得ることになる[18]。

3　多様な保全主体への期待

　地区計画は，地区内の地権者が地区ごとに社会的な意味について合意し，その合意に基づいて建築物の規模に関する基準を定められるため，市街地の

---

17)　国土交通省が 2011 年に行った「景観形成の取組に関する調査」の結果によると，当時の景観地区の合計 32 地区において，建築物の高さの限度が制限される地区は 21 地区，壁面の位置が制限される地区は 20 地区となっている (複数選択可)。

18)　国土交通省が 2011 年に行った「景観形成の取組に関する調査」の結果によると，当時の景観地区の合計 32 地区において，景観地区が最適な制度と判断した理由を聞いたアンケート調査項目 (複数選択可) への回答では，強制力を理由に挙げた地区が，32 地区中 26 地区，裁量性については 32 地区中 20 地区が該当し，他の選択肢よりも多い。なお，景観地区を定める 18 自治体のうち，京都府京都市は 8 地区を指定しており，全国で指定された 32 景観地区のなかで最も多くの地区を指定している。この景観法の景観地区の指定状況から，景観地区による住宅街の都市景観保全には依然として高度な規範を要することが分かる。

社会的な意味を市民が共有するための強力な法制度である。そして，2003年に都市計画法に定められた都市計画提案制度は，この地区計画の策定に，市民の自発的な関与を促す法制度である。地権者以外のNPOなどの民間事業者も，該当地区内が5000㎡以上の地区で，3分の2以上の地権者の同意があれば，自発的に県や市町村に都市計画決定の変更を提案することが可能になった（都市計画法21条の2，都市計画法施行令15条）。

景観法が制定されてからは，自治体が同法に基づいて景観条例を制定すると，景観計画の策定過程と，個別の建築計画の妥当性を審査する過程へ，市民と自治体以外にも中間団体，協議会，審議会が関われるようになり，多くの主体が都市景観の保全に関わることが可能となった。

前述の通り，まずは自治体が景観法に定められた景観行政団体として，景観計画やより一層強力に保全可能な景観地区の策定に取り組むことができる。また景観法は，中間団体を保全主体として位置づけることができるとし，活動を後押しする規定がある（景観法92条）。具体的には，公益法人とNPO法人は，景観整備機構として，専門家の派遣，情報の提供，相談その他の援助による景観形成の支援活動，景観形成上重要な建造物の管理，土地の取得および管理，調査研究をすることができる（景観法93条）。その他にも，公益法人とNPO法人は，地権者の3分の2以上の同意があれば，景観計画の策定または変更を提案することができる（景観法11条）。現在，この景観整備機構には，107法人が指定を受けている（2015年9月30日時点）。また，景観計画区域の景観形成のために必要になる協議を行うため，景観行政団体と，景観計画に定められた景観重要公共施設管理者や景観整備機構が，景観協議会を組織し，保全に向けて協議することができる（景観法15条）。現在（2015年9月30日時点），全国で合計58の景観協議会が設立されている。

地区計画と景観地区の制度設計は，多様な主体の自発的な取り組みと，地域で協議を進める機会を設定することにより，地区指定型の都市景観の保全を促進することを意図している。

4 地区指定型の保全策の課題

　地区計画，景観計画，景観地区には，強力な都市景観保全策を講じることへの期待が寄せられる。確かに，地区指定型の保全策には，都市計画法の用途地域に基づく基準とは異なる基準を定めることができる。そして，建築計画が不可逆的に進行する建築確認の完了以前に，予め基準を定めることによって，周辺と調和した景観を保全することが可能となる。その一方で，地区指定型の保全策は，建築物の連続性を確保する法的な道具にするためには，いくつかの課題がある。

　地区計画の多くは，土地整理事業，民間開発，団地開発などの開発事業に伴って開発地区一帯を整備する目的で策定された事例が大半を占めている[19]。特に，規制緩和型の地区計画のメニューが増えており，必ずしも創設当初に期待されたような，市民が有する場所の社会的な意味を活かすための制度運用がなされているわけではない。都市計画提案制度についても，企業による提案が圧倒的に多く，市民からの提案数は圧倒的に少ない。この状況は，創設当初に参照された西ドイツの地区詳細計画（Bプラン）が，不自由な許可制度を前提にして，地区詳細計画（Bプラン）を策定すると建築が許可されるという仕組みとは対照的である。日本では，地区計画が，全国一律の最低限の基準をさらに緩和するために活用される傾向にある。そのため，創設以来30年以上を経た地区計画の運用状況は，都市景観を保全に結びつく法制

19）　地区計画の策定理由については，地区計画研究会編（1995）の動因欄を参照。西村（2004）は，地区計画を活用して高さ制限をした事例を，国立市マンション問題の訴訟資料に加筆して8件を紹介している。しかし，地区計画全体数に占める割合としては低い。林崎豊・藤井さやか・有田智一・大村謙二朗（2007）によると，2005年時点の提案制度を活用した28事例の提案者の内訳は，22事例が土地を所有する企業であり，6事例が土地を所有する住民となっている。

度の運用になっていないといえる[20]。

　現時点では，景観法の景観計画と景観地区を定める自治体の数も多いとはいえない。特に，景観地区を策定する自治体は少ない。2011年に国土交通省が行った調査では，すでに景観計画を策定した自治体は304あり，全体の37.3％であった。また，策定予定があると回答した自治体は401あり全体の49.2％となっていた[21]。実際に2015年には，策定済の自治体が492に増えているため，今後さらに増えていきそうである。その一方で，景観地区を定める自治体数は22であり，策定地区数は，39地区（2015年9月30日時点）であり，策定された景観計画数と比べると少ない。

　地区指定型の保全策の根拠は，予め定める数値基準だけでなく，自治体の担当課による裁量的判断，もしくは，条例で定めた諮問機関の裁量に基づくものまでと幅広い。景観法は，裁量を活かした保全策を可能にする法制度である。前述の通り，景観地区内の建築物の意匠については，自治体の裁量に基づく判断によって，変更命令を出すことができる。すでにこの仕組みを活用して，周辺と規模が異なる建築計画を認めなかった結果，事業者がマンション建設を断念した芦屋市の事例がある。今後，芦屋市のような事例が全国的に増えていくとしたら，日本の都市景観は，市民の意思に基づく保全がなされる可能性がある。しかし，現状において，景観地区を活用した都市景観の保全を通じて，良好な住環境を保全する取り組みが，自治体に広がっていくかどうかというと課題が残る。

　景観地区数が少数に留まる理由として，合意形成の困難さが挙げられてい

20）　特に，1990年代以降の容積と斜線制限の緩和をする地区計画制度の相次ぐ創設により，近隣地域と異なる突出した規模の建築物を促進するための法制度となってしまった（日端，2010／石田，2004）。
21）　国土交通省が2011年に行った「景観形成の取組に関する調査（景観法の活用状況）」の結果による。

る[22]。合意形成が必要なのは，地区指定型の保全策に共通する課題である。地区計画が，もっぱら緩和型の地区計画として策定され，住民発意の地区計画が少ない要因と共通する。場所の社会的意味に関する地域社会での合意は，景観計画と景観地区の個別の建築計画の審査時に，裁量に基づいて修正を求める場合の判断の拠り所となる。そのため，景観保全に取り組む自治体は，定性的な判断をするときに，この地域に合意があると判断するための妥当性を得ることが大きな課題であると認識している[23]。

　これらの法制度の運用状況から見えてくる保全効果の質と保全量の双方についての課題は，〈修正する機会〉によって可能となる建築計画の修正内容と，他の地域での活用可能性を示している。すなわち，地区計画，景観計画，景観地区の運用によって明らかになった課題は，都市景観の保全策が法制度に位置づけられたとしても，必ずしもその法制度が予定する通りに機能しないことである。そして，場所の社会的な意味について合意する社会過程は，実際の法制度の運用上，きわめて政策的な命題となるのである。

---

22)　2010年に国土交通省が行った調査「景観法の活用意向について」の結果によると，景観地区を活用しない理由として1番多いのは，住民の保全意識の高揚がそれほどではないことであった。その次に，該当する地域がない，人的・財政的な余裕がないという理由が続く。自治体が景観行政を展開する上で，地域住民間の合意が課題になっていると認識されているのが分かる。

23)　国土交通省が行った「景観形成の取組に関する調査（景観法の活用状況）」の結果によると，316自治体のうち194自治体（約61％）が景観計画区域内の個別の建築計画に対して修正を求める際に，数値基準に反しなければ勧告や変更命令を出しにくいと考えている。景観地区において，裁量に基づく判断が可能と考える自治体と，裁量に基づく判断は可能ではないものの，数値基準を遵守させることは可能と考える自治体は同数（両方の回答とも16自治体）であり，二分されている。また，認定制度の運用上の課題について聞く設問項目に対する回答のうち，1番多い回答は，裁量的な判断が法的な対抗措置にどこまで耐えられるか不明とする項目である。そして，その項目を選択した自治体数は，23自治体となり，先の設問で裁量的な判断はできないと回答した自治体数を上回るため，いずれの考え方の自治体にも，裁量的な判断を不安視する自治体があることが分かる。

第6節　専門知識の獲得

　市民の意見を具体化するためには，都市計画，建築，訴訟についての専門知識が必要となる。都市計画提案制度を活用した事例を分析した結果によると，地域社会で場所の社会的な意味について合意する社会過程と，その合意を具体化するために法制度を活用する社会過程の両方に，専門知識と技術的な支援が必要と指摘されている（林崎豊・藤井さやか他，2007）。また，マンション計画をめぐる紛争の先行研究においても同様に，両方の社会過程で用いられる専門知識のありようが論点になっている。マンション紛争を防止するためには，早期から事業者と市民が開発計画について協議することが重要であり，その協議に組織的に住民の主張を総意としてまとめられるような，地元に密着した組織が必要であると指摘されている。そして，この組織が地区計画制度などの法制度を活用するために，都市計画，建築，および事業者と住民が対立した時のための訴訟に関する専門知識が必要となる。また，それらの専門知識は，審議会のような組織によって担保することも考えられる（窪田，2003）。市民が専門知識を確保する方法については，専門知識を有する各地の建築士が，地域のまちづくりに関心を寄せ，まちづくりに関わる事例を参照して，地域職能集団を形成することが有効であるとの指摘もある（藤田，2005）。また，市民に専門知識が備わるようにする組織的な支援が，法制度の活用を促すと同時に，自治体との連携にも大きな意味を持つ[24]。行政官と対等に対話するために，市民が専門知識を蓄積することと，その取り組みを市民情報機関として組織化し，「業界の圧力団体と同様の熱意をもっ

24）　市民と自治体の連携における専門知識のありようについては，行政学においても着目される。西尾勝は，1900年代初頭のアメリカの市政改革運動や1930年代の都市計画への市民参加，近年の市民運動における市民情報機関を例示しながら，市民が専門知識を得ることの重要性を指摘している。

て，絶えず政治と行政の動向を監視し，必要な情報を市民に提供できる専門能力を持つことがのぞまれる」（西尾，1972：74）のである。

第7節　都市景観保全の日常的な契機

　以上において，住環境を都市景観として視覚的に把握するために，場所の社会的な意味について合意する社会過程が必要とされていると述べた。その社会過程が必要とされる政策的な理由は，土地と建築物の使用を制限し，所有者の財産の増減に大きな影響を与えることから，制限する妥当性を確立することが重要なためである。そして，その社会過程に基づく保全策が，一般的な建築行為を規定する日本の都市計画の法制度の規定とは異なる例外として位置づけられていることを，日本の都市計画の変遷と手続きのなかで把握した。その上で，保全に向けた社会過程を後押しし，合意された場所の社会的な意味を担保することを目的とした，都市景観保全に関連する法制度についても述べた。日本の都市景観保全に関連する法制度は，全国一律で最低限度の基準を定めた都市計画法と建築基準法によって開発事業の合法性が確定される以前に，住宅街の都市景観保全に向けて個別の建築計画を〈修正する機会〉であると論じた。しかし前述の通り，地区指定型の保全策は，場所の社会的な意味が確立されづらいために講じられづらく，行政指導による保全の実現も，行政手続法の制定によって，法制度上の問題を抱えるようになっている。このように，建築計画を〈修正する機会〉は，法制度には位置づけられているものの，未だに確立されたとは言い難い状況にあることが分かった。

　都市計画を〈修正する機会〉は，建築確認と開発許可以前に，各主体が都市景観保全に向けて活動する〈日常的な契機〉を必要としている。たとえ，景観保全のための法制度を活用する最善の時期が法制度によって位置づけられていても，地域社会で場所の社会的な意味について合意がなされるとはか

図1　2つの社会過程と建築計画を〈修正する機会〉

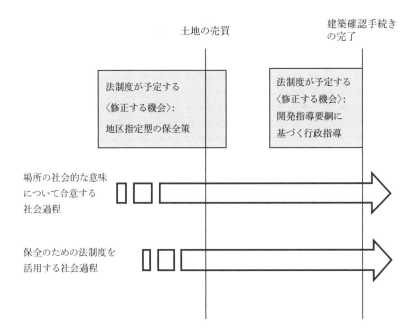

ぎらない。市民，自治体，専門家，事業者などが，保全主体として活動する時期と，現行の法制度が予定する保全主体が実際に活動する時期の差異を埋め，保全策を講じることが必要とされる所以である（図1）。

　都市景観の保全策の在り方を模索するにあたって重要な観点は，この都市景観の保全に向けた，場所の社会的な意味について合意する社会過程と，法制度を活用する社会過程の両方において，各主体が活動し始める〈日常的な契機〉を捉えることである。そして，その契機を活かした，都市計画を〈修正する機会〉と専門知識のあり方を再考することが必要となっているのである。

　次章では，この契機を具体的な事例に即して把握するために，国立市の事例を参照する。同市は，マンション建築計画を発端に，都市景観紛争に発展した事例である。この事例では，地区計画制度が活用可能であったほどに，

地域的な景観保全意識が高揚し，なおかつ市民が専門的な知識を用いて対案としての地区計画を策定した。その社会過程を追うことで，都市景観保全を日常生活のなかで可能にする要因について論じたい。

第 3 章
都市景観保全の契機
国立市都市景観紛争を事例に

桜と銀杏の並木，広い緑地帯が続く国立市大学通り（筆者撮影）

都市景観紛争は，大規模建築物が周辺の住宅街に与える影響をめぐって，日本各地で起きている。特に，建物の高さが周辺の建造物群より高い大規模マンションは，周辺地へ大きな影響を与えるため，地権者，事業者，近隣住民，景観やまちづくりに強い関心を持つ主体と，自治体などの行政機構との両者を巻き込み，裁判所を介して紛争に発展しやすい。しかし，第2章で，都市景観の保全の前提となる日本の都市計画と景観保全に関連した法制度について述べた通り，一般的な景観紛争過程では，建築計画を周辺住民などが知った後に，建築主，地権者，行政，裁判所に対して意義申し立てをしても，都市計画法と建築基準法による合法的な建築計画について大きな修正がなされることを法制度は予定しておらず，また，事業者の自主的な修正も見込めない。

　そこで本章では，都市景観保全の〈日常的な契機〉の所在をさぐるために，国立市大学通り景観保全運動の事例を参照する。国立市の運動は，「景観利益」を認め建築物の一部を撤去するよう命じる地裁判決を導き出し，景観法成立に大きな影響を与えた。また，最高裁が「景観利益」を初めて認める判決も導き出し，都市景観問題を社会問題として定着させた。こうした成果は，問題発生時点に活用可能であった法制度を，市民と自治体が最大限活用したためであった。

　国立市で見られた都市景観保全の〈日常的な契機〉を正確に理解することは，国立市以外の今後の保全策のあり方を考察する上で大きな意味を持つ。以下では，まず初めに経緯を把握した上で，法制度の活用のされ方について検証する。そして，法制度の活用が可能になるほどに，地域社会で市民が主体的に合意形成を実現した要因について考察する。

第1節　国立市大学通り景観保全運動の経緯

　国立市の景観保全運動は，マンション建築計画が公表された1999年から，最高裁判所判決が言い渡される2006年までに，7年間が経過した。以下ではまず，その経緯を記述する[1]。

　問題となったのは，明和地所が，国立市大学通り沿いの敷地面積5300坪の土地を，当時の東京海上火災保険（株）（以下，東京海上）から90億2000万円で買収し，地上18階建て（後に14階建てに変更）の441戸（後に353戸）・高さ53m（後に43m）ある分譲マンション「クリオレミントンヴィレッジ国立」（以下では，市民間の通称であった明和マンションと記す）を建築しようとした計画である（地図参照）。

　この建築計画を知らせる看板が立てられた1999年7月23日の直前，1999年4月の統一選挙では，景観保全を公約にした上原公子市長候補が当選していた。上原市長は，90年代初頭から盛り上がっていた景観権運動の担い手であり，この運動は国立市都市景観形成条例の直接請求を行い，景観権の保護を求める訴訟を提訴していた。このため，地域政治のなかで，大学通りの景観に関する関心はすでに高まっていた。マンション計画は，正式に公示される前に，それまで大学通りで景観権運動をしていた集団や近隣住民などに知れ渡った。大学通りの都市景観が破壊されるという危機意識とともに19団体が集まり，8月18日に正式に「東京海上跡地から大学通りの環境を考える会」（以下，考える会）を組織した。

1）　筆者は，2002年6月から2006年にかけてこの運動体の参与観察を行った。さらに，2004年夏に，考える会の中心的な担い手と国立市長や国立市職員の合計21人に対して聞き取り調査を行った。その結果，問題が発生した1999年から最高裁判決が下される2006年を一区切りとするマンション問題に関わる市民運動と，長年の保全運動との繋がりを知ることができた。

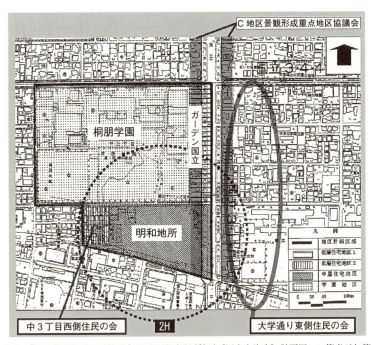

出典:「国立都市計画地区計画中三丁目地区地区計画〔国立市決定〕計画図」に筆者が加筆

クリオレミントンヴィレッジを南西から見た様子(筆者撮影)

第3章 都市景観保全の契機

考える会および国立市と建築主が対立関係になるきっかけは，8月24日から近隣住民に配られた2冊の近隣説明書配布時の対応と，住民を敵視する説明書の内容であった。この頃から，建築見直しの陳情を出すための署名集めを開始し，9月22日には考える会が，5万479人分の署名とともに提出した陳情が議会で採決された。明和地所は，考える会による度重なる直接要請や，国立市役所からの行政指導を受けて，当初の説明会を開催しない方針を転換し，結果的に合建築確認申請より以前に，計4回の住民説明会を開催した。しかし，説明会でのやりとりは，大学通り沿いの建築物は約20mの並木の高さが望ましいとする，国立市都市景観保全条例に記された理念と調和する計画への修正を求める考える会と，単に計画を説明して終了しようと試みる明和地所とのあいだで平行線をたどった。第2回の説明会で，明和地所は，18階建ての建物を14階建てに計画修正することを発表した。しかし，修正後の建築計画でも並木の高さの2倍あるため，考える会の納得を得られなかった[2]。

　対立の構図は，時が経過するにつれて，「明和地所」対「市民運動」及び「国立市」，「市民運動」対「東京都」，「国立市議会内部」において，建築確認済証の交付と地区計画の是非をめぐって対立するようになった。近隣住民が，明和地所の建築計画に対抗するために，住民発意で明和地所のマンション建設予定地を含む地区に20mの高さ制限のかかる地区計画を提案した。明和地所は，国立市が11月24日から12月15日に実施した地区計画案の公告・縦覧時にこの計画案を初めて知り，12月3日に東京都西部建設指導事務所へ建築確認申請をした。この頃から，都市景観条例に基づく景観重点地区協議会が住民によって設置され，明和地所の土地の一部が重点地区に該当するため，協議会の一員として景観保全に寄与するよう働きかけたが，明

---

[2] 考える会が作成した「第1回～第4回説明会発言録（完全保存版）」と，聞き取り調査結果による。

和地所からは活動に加わる意向がないとする返答が書面によって繰り返された。2000年1月5日，建築確認済証が東京都多摩西部事務所から明和地所に対して交付され，工事が開始された。この間，市長は，12月13日に明和地所に対して，景観条例と開発指導要綱による市の指導が終わっていないことを理由に，申請の取りやめを要請した。そして，1月4日には，上原市長と助役が，東京都多摩西部事務所を訪れ，市長の指導が終わるまで交付を待つよう要請した。交付後にも，激しく抗議している。

1月21日，国立市都市計画審議会では，全会一致で「中3丁目地区・地区計画」が決定される。1月31日，自民党系と公明党の議員が市議会を欠席し，傍聴者が議場から溢れるなかで可決された。2月1日，地区計画が建築条例として施行される。住民発意で異例の速さで計画案を作成し，市議会で決定し，高さ制限のかかる条例になったが，地区計画の公告縦覧の後に申請した建築確認の方が先に通過して，建築確認済み証の交付の方が早く行われた。この点は，後の司法判断も，工事着工と条例の施行のどちらが先だったかについて事実認定が分かれ，違法建築物であるとする判決や適法建築物であるとする判断のあいだで揺れたが，最終的には適法建築物と判断された。

対立関係が解消されないまま工事が着工されたため，考える会は裁判所の判断を必要とし，2000年1月24日に仮処分を申し立てた。以後4つの訴訟（「考える会」対「明和地所」，「考える会」対「東京都」，「明和地所」対「国立市」，「自民党系議員」対「市長派議員」）が起き，裁判化の局面が加わった。

考える会が明和地所を訴えた民事訴訟では，大学通りの「景観利益」が認められ，すでに建設済みの建物の上半分，高さにしておよそ20m分の撤去命令判決が，各方面に波紋を広げた。この東京地裁判決直後，考える会は，全国の景観保全や住環境保全運動の担い手からの訪問を受け入れて専門知識や経験則に基づく助言を与え，全国の景観運動を後押しするために，景観市民ネットという組織をつくるなど，運動は拡大していった。この判決は，高裁判決によって覆されるが，2006年3月30日に言い渡された最高裁判決の

なかでも一定程度継承され認められるに至った。建築計画に修正は加えられなかったが，景観が個々の主観によって異なることを理由に，法によって保護することはできないとしてきた司法判断から一歩前進したといえる[3]。

第2節　法制度の活用

前述の通り，国立市では考える会と国立市からの働きかけにより，4回の説明会開催，条例に基づく景観重点地区協議会からの説明会開催要請と，条例に基づく行政指導を行い，高さ制限の伴う地区計画の建築条例化に至った。本節では，国立市で保全のための法制度と，そのために必要な専門知識が活用可能になった要因について検討する。

1　国立市都市景観形成条例

国立市都市景観形成条例に明記された理念や手続きが，景観保全派市長によって最大限活用され，マンションが20mの並木の高さに調和するよう勧告し，勧告に従わない場合に行われる「事実の公表」という最終段階まで行われた。しかし，景観審議会が明和地所に対して再三行った審議会への出席

---

[3] 国立市の明和マンション問題によって，初めて東京地裁判決が「景観利益」を認め，建築物の上半分を撤去せよと判決を下した点は画期的と評される（淡路，2003）。ただし判決の論理構成については，さまざまな議論がなされており，判例解釈をめぐる議論がある。景観利益を導いた論理構成について疑問視する論者もある（長谷川，2005：315-317）。所有権から派生する権利なのか，人格権から派生する権利なのか，司法判断の意味について論じる議論もある。司法で問題解決を図る新たな現象として注目に値するとの指摘もある（富井，2004）。「景観利益」を認めた地裁判決の一部は，最高裁判決の後も，名古屋市の白壁地区のマンション訴訟における20mを超える建築物の建築差し止め命令（名古屋地決平成15・3・31判タ1119号278頁）や，広島県福山市の鞆の浦の港湾埋め立ての差し止め命令（広島地決平成21・10・1判時2060号3頁）が下される際に，差し止めの根拠となる判例として援用された。

要請も無視され，結局，計画を修正させる効果はなかった。そして，条例で定めた景観重点地区協議会活動の参加を促す呼びかけにも明和地所は応じなかった。国立市役所には，建物の建築計画の是非を決定する権限が事実上ないため，建築確認を行う東京都管轄の東京都多摩西部建築指導事務所に対して，1ヵ月後に地区計画の条例化の是非が国立市議会で決まることと，景観条例による行政指導が未完了であることを理由に建築確認を交付しないよう要請したが，建築基準法の規定に従った日数で手続き完了となった。

2　国立市における地区計画

　地区計画は，地域の合意を具体化する確実な方法とされる。しかし，地区計画は，地域のなかで地権者の間で合意が形成されれば，良好とされる住環境を手に入れられる反面，財産権に規制をかけるため，その建築条例化には困難さが付きまとう。さらに，既存の建築物の高さが非統一的であると，合意形成はますます困難になる。そのため，地区計画が条例になるまでには，自ずと1年前後の期間が必要となるのが現状である。

　このような状況がある一方で，国立市景観保全運動体では，短期間で地区計画を策定し建築条例化した。まず，市内在住の建築家らで素案を作り，同時に地権者の同意を得る活動を始めた。マンションの北側に隣接する桐朋学園，マンションの北側で大学通り西側沿道に位置するテラスハウスの住民たちによる「ガーデン国立管理組合」，明和マンションの西側の地域住民たちによる「中3丁目西側住民の会」で，地区計画への同意が集められた。この3つの区域で一番苦労するはずだった地域は，中3丁目西側住民の会であった。なぜなら，大学通りに面していないことから，大学通りの認識像には濃淡があり，なおかつ高齢者が多いため，土地の用途を二種中高層のままにして，高度利用できる土地として売却したいとの思惑があってもおかしくなかったからである。しかし，高層建築物による日照被害を心配する地権者が多く，同地区の住民で考える会副代表の説得が加わったこともあり，わずか3日間

で21人中18人分の同意の捺印を得ることができた。ガーデン国立では，34戸中海外在住者などを除く28戸分が集まった[4]。建築物への高さ制限のかかる地区計画案に同意する意思表明が迅速に行われたことから，高さ制限によって空間が制御されることを当然とする住民の意識があったことが分かる。

しかし，建築確認申請から交付までの日数と比べると，そちらの方が，建築基準法により21日以内に審査結果を伝えると定められているため，早期に完了できるようになっている[5]。このため，建築計画が明らかになってからでは，最低限の建築基準を定めた建築基準法の手続きが優先されることになり，自治体の取り組みは無効になってしまうのである。

3　市民的探究活動

国立市における地区計画作成の契機は，考える会の担い手が，当初の市内在住の専門家と市職員の認識に反して，地区計画を（法改正が行われていたために）東京都都市計画審議会の審議を経ずして国立市都市計画審議会で決められることを突き止めたことであった。市町村による建築条例化が可能になったことは，改正前の建築家と国立市担当課の認識とは異なっており，考える会が解決策を見出すために東京都職員に話を聞きに行った結果分かったことである。法制度の解釈に対する〈市民的探究活動〉が，マンション計画と異なる対案として地区計画を示すまでの過程で，非常に重要な意味を持ったのである。市民の探究心に基づいて解決策を見出す取り組みによって，法制度の体系を，事例に適用可能な専門知識に組み変えることが可能となった。本書では，市民の抱える問題を解決する観点に基づき，専門知識を事例に適

4）「中3丁目西側住民の会」と「ガーデン国立管理組合」の同意を実際に集めた住民の証言と，桐朋学園理事の証言による。

5）構造計算偽装事件を受けて建築基準法が改正になり，21日から35日に変更された。現在も日数については，変更される可能性がある。しかし，地区計画の策定にかかる日数から比べると短いことに変わりはない。

用可能にするための取り組みを,〈市民的探究活動〉と呼ぶことにする。

第3節　場所の社会的意味の継承と運動の担い手

　大学通りの都市景観保全運動で法制度の活用を可能にした要因の分析として,平時から地域社会が一丸となって都市景観を保全してきたという解釈に依拠する傾向にある。この傾向は,国立市の力強い運動を地域の特性であるかのように理解したり,もしくは地域組織によって地区指定型の保全策が講じられ都市景観が保全されることが望ましいという考え方を念頭にして運動を評価する論調に表れている。たとえば,奥真美は,国立市の運動が導き出した「景観利益」を認める判決は,「国立市住民等の高い意識と団結力,さらには持続力の存在という,国立市特有の状況があったからである」と述べる（奥,2008：9）。国立市のまちづくりの歴史を強調する主張は,紛争の当事者自身が,開発事業者の経済的な価値に基づく開発行為に対抗する際にも用いられる。考える会代表の石原一子は,「大学通りの歴史的外観からも,個人的利益を犠牲にしてでも良好な住環境と大学通りの景観を守り通したいという国立市民の強い意思,そして環境,景観に対する高い権利意識と市民自治の精神を見て取ることができる。この町は自分たちの意思で守り,育てていくものだという誇り高いDNAが脈打つ町であることを強調して余りあるところである」（石原,2007：80-83）と述べる。このような歴史的事実に基づく意識は,他の運動の担い手からも聞かれ,事業者の強力な開発力に対抗するなかで,各主体の保全活動の支えとなった重要な動機である。しかし,自分たちで育てるという主体的な意思のなかに,世代,居住地,居住年数などによって異なる個々の認識像の差異を埋める社会過程を捨象するかのような,DNAという予め決定され継承される意味の強い表現が入り混じって使われているのを読み取ることができる。

　また,長谷川貴陽史（2005）は,本書と同じ明和マンションをめぐる都市

景観問題の事例を参照し，そこには地域社会の景観をめぐる不文律が一定程度あったと評価するものの，不文律を形成する主体の範囲が不明確な部分が少なくないと述べる。また，望ましい保全活動のあり方は，自治会町内会，もしくは，その他の地域自治組織が地区計画を策定することであるとし，その優位性は，「ほぼ全世帯を覆う包括的住民組織」であるためとしている。また，国立市のような景観保全運動では「法令を信頼して行動した者にリスクを負わせるのに近い結果になろう」（長谷川，2005：313-317）とも指摘する。しかし，国立市の事例では，当該地区の近隣の地区は，自治会が存在しない地区と，存在していても紛争に関わらないと判断した地区があった[6]。そのため，自治会町内会のような活動の有無を，そもそも自治会の活動が希薄な地域である国立市の取り組みへの評価を低減させる理由にするのは，市民の活動に対する評価の根拠を，法制度が予定している平時に保全する主体像に傾斜しすぎなのではないだろうか。自治会の活動力が低い地域で，自治会を前提とする地区指定型の保全策が有効かどうかについては，国立市の事例とは別の新たな検証を必要とする。このような地区指定型の保全策を予め講じておくことを念頭においた地域社会の捉え方のなかにも，地域社会の日々の強力な活動が，都市景観の保全に向けて必要だとする考え方があることが分かる。

　大学通りの都市景観を保全する取り組みを国立市の地域社会固有の特性として捉えた場合，一方で豊富な空間形成の履歴を保全の根拠とし，他方で地区指定型の保全策を講じてこなかったことを重ね合わせて捉えたとしても，運動の担い手が主体的に活動し始めた要因を理解することが困難になる。また，地域の組織的な活動の有無にのみ基づいて，法制度を活用した保全策の妥当性について判断したとしても，第2章で検証した通り，市民が活用しづらい地区指定型の保全策の運用状況を改善するための議論の解にはならない。

---

[6]　近隣特有の受苦意識を有する運動の担い手に対する聞き取り調査結果による。

大学通りでの出来事を公共政策にとって有用な知見へと転換するためには，地区指定型の保全策を講じた市民の主体性がどのように発揮されたのかについての検討が必要となるのである。そのため，次節以降では，保全運動の担い手が形成される過程に着目し，保全に向けて主体性が発揮された要因について検討していく。

第4節　国立市大学通りの都市景観保全運動に参加する動機

考える会の運動に関わる主体は，各々の経験と当該地との関係によって，異なる参加動機を有する。それらの参加動機には，彼らの守りたい景観像を読み取ることができる。

大学通りの都市景観像は，次の3つの意識によって構成される。第1に，空間の物理的変化に伴う近隣の受苦意識である。第2に，都市景観を形成するための集合的な自主管理努力への蹂躙に伴う受苦意識がある。そして，第3に，まちを象徴する場所への関心を挙げることができる。

1番目の空間の変化に伴う具体的な受苦意識とは，日照，圧迫感など物理的な建築物によって被る被害意識のことである。問題発生源の土地周辺で，大学通り沿道に限らず，居住空間や教育空間が大きな建物に隣接することになる近隣住民や桐朋学園が，即時的に共有した受苦意識である。

2番目の集合的な自主管理努力の蹂躙に伴う受苦意識とは，都市景観を形成するために大学と通り沿道の地権者が自主的に建物の高さを規制し，低層住宅群を維持してきた努力が無視されたことによって発生する受苦意識である。住民が蹂躙されたと感じるかどうかは，建築計画そのもの，建設計画の住民に対する説明姿勢，計画が修正されないなどの，企業側の対応に左右された。

3番目のまちを象徴する場所への関心とは，公共空間を制度上においても定式化するよう試みる意識のことである。この志向に重きを置く主体は，問

題になった土地の近隣に土地を所有しておらず，近隣に居住していないことが多い。市内各地の住環境保全運動の経験者や，普段からまちづくりの活動に参加している主体が有する意識である。上記の最初の2つの受苦意識は，近隣住民に共有される意識であるが，都市景観を成立させるために必要な場所の社会的意味の言語化には，まちを象徴する場所への関心を有する主体のこれまでの運動や紛争での経験が，大きな役割を果たした。次節以降で，各意識について記述する。

第5節　近隣の受苦意識

　住民発意の地区計画素案に賛同したのは，近隣で受苦意識を有する地権者たちだった。日照被害，圧迫感などの近隣の受苦意識主体が運動体の一員として関わり続けたことは，運動の正当性を確保するために重要な意味を持った。運動終結後にも，マンションの存在する空間と日々接することになるので，問題の重大性を強力に訴え続けられるためである。

　明和マンション問題で住民側が主張する受苦は，都市景観問題一般と同様に受苦の数値的測定が困難である。しかし，運動への参加動機に表れる大学通りの景観に対する思いから，受苦意識を特定することができる。近隣で受苦意識を有する主体や集団は，大学通り東側住民の会，ガーデン国立管理組合，東京海上跡地西側住民の会，桐朋学園であった。

1　大学通り東側住民の会

　大学通り東側住民の会は，名称の通り大学通り東側沿道の住民によって組織されている。50人の原告のなかで，この地区の原告数が最も多い。そして，都市景観形成条例が定める景観重点地区の景観のあり方について話し合う協議会を立ち上げた住民たちも含まれる。彼らにとって高層マンションが東京海上跡地に建つということは，今まで心地よいと感じていた住環境の激変を

意味した。

　窓の外にいつも見えるために感じられる圧迫感，マンションの影によって通りが寒々しくなったこと，夕日が見えなくなったことによって被る精神的ストレスである。世代を越えて大学通りに面した住環境を継承し，慣れ親しんだ環境を後世に残していきたいという思いがあった。

2　ガーデン国立管理組合

　ガーデン国立とは，大学通り西側沿道にあるテラスハウスの名称であり，連続するテラスハウスは，大学通り沿道に続く低層住宅の見本のような建物群として市民に評価されている。景観重点地区候補（2002年4月に重点地区に指定）内に位置し，大学通りの道沿い，明和マンションの北側に位置する。この地区に住む住民は，明和マンション問題に対応するためにガーデン国立管理組合を組織した。また，なかには，景観形成重点地区協議会の活動に積極的に関わる者もいた。彼らにとって，テラスハウスの購入は，大学通りに面した低層住宅を特徴とする住環境を高額で購入したことを意味する。このため，大学通りの環境変化によって高額で購入した住環境が変質することに対する危機意識が高い。地区計画への賛同も，連絡の取れる地権者全員から得られた。

3　中3丁目西側住民の会

　西側住民とは，中3丁目の住民であり99年11月に提出された地区計画の素案に対して，ガーデン国立と同様に賛同した地区の住民たちである。彼らの家は，東京海上跡地の西側にあり，他の地区の住民よりも強く日照被害を懸念していた。2H（建築物の高さの2倍の範囲内の近隣住民）や地区計画の範囲に該当する地区である。地区計画に関係する地権者のうち，西側住民，ガーデン国立，桐朋学園，明和地所の4つの地区から構成されている。他の地区の高さ制限が20mであるのに対して，西側住民は，西側の地区に10m

JR国立駅前，考える会の
ビラ配布活動（筆者撮影）

の高さ制限を自ら課したことから，低層住宅地を最終的に望んでいたことが分かる。

このように近隣の受苦意識の内訳は，低層の建物群を基調とし福祉関連施設が多い空間を重視しており，世代を超えて受け継ぎたい住環境が激変することへの懸念，高額購入した低層の建物群や緑地や広い空によって構成される住環境が破壊されることへの懸念，マンション近隣への日照被害や圧迫感や風害に対する懸念，教育環境破壊に対する懸念であった。

大学通りの都市景観保全問題が，結果的に公共空間の問題として，裁判や地域政治，マスコミのなかで争点化されていった要因は，考える会の運動の担い手の空間に対する認識が言語化されたことにある。既存の法制度の枠組みに対抗する価値を見出さざるを得ない状況下で，運動に関わる市民の場所に対する意識を統合して，大学通りという場所の社会的な意味として明示したのである。

考える会が開催したシンポジウムにパネリストとして登壇した学者たち（筆者撮影）

第6節　集合的な自主管理努力の蹂躙に伴う受苦意識

　大学通り沿道住民は，親の代から住み続ける者が2Hのなかでも多い。彼らは，空間の集合的な自主管理活動への関わりを通じて，大学通りの都市景観を形成してきた自負心を無視する建築主の対応を目の当たりにして，建築計画への違和感を持った。日照阻害や圧迫感に加え，自ら維持してきた空間形成の歴史が断絶されるという危機感が重なり，運動に参加する強力な潜在的意識を形成した。二重に重なる近隣の受苦意識は，問題の発生源となった土地を包囲するように2Hの会などの周辺の住民，桐朋学園と大学通り沿道の住民に共有された。大学通りの空間形成の歴史は，彼らが大学通りの場所の社会的な意味を，景観保全の歴史の延長線上で捉えることを可能にしたのである。

　大学通りでは，マンションや歩道橋の建設をめぐって，住民，企業，行政の間で多くの討議の機会があった。そのつど，計画見直し運動が起こり，当事者間で合意が見出されてきた。具体的には，歩道橋事件（1969年），大京マンション事件（1972年），第一種住居専用地域指定運動（1973年），7階建

てマンションからテラスハウスへの変更（1973年），国立音大付属高校跡地への福祉施設誘致運動（1978～84年），東京海上による用途地域変更要請への国立市の拒否（1987年），景観条例制定運動（1994～98年）が挙げられる。これら大学通りの空間の公共性の根拠として裁判の陳述書などに明示された出来事には，問題発覚後に住民たちが場所の履歴として理解を深めた出来事と，場所の社会的な意味を形成してきたという自覚の根拠として彼らの記憶に刻まれた出来事とがある。

後者に該当する出来事として第一種住居専用地域指定運動や都市景観形成条例の制定が挙げられる。これらは一企業などの法人によってではなく，住民間の豊富な討議経験を経て制度化したものであったため，前述の近隣の受苦意識を有する東側住民を中心に，住民の記憶に刻まれた経験になっていたのである。

第一種住居専用地域指定運動とは，1973年に国立市が，大学通り及び大学通り沿道20mの範囲を第二種住居専用地域にする案を東京都に提出したが，市民運動の要請で高さ制限の厳しい第一種住居専用地域にするよう求め，確定させた出来事のことである。この空間の履歴を覚えていたのは，当時から大学通り沿道，特に東側沿道に住む住民たちである。A氏は，第一種住居専用地域指定運動に関わった両親の討議経験に加えて，彼女の母が「学生の町にふさわしい環境と美しい景観をつくるために，自分の利益や権利を一歩引いて考え協力しあう姿勢」を「国立魂」と呼んでいたと記憶している。集合的な自主管理努力とは，主に自発的な高さ制限のことを意味するが，高さ制限によって財産権を抑制するだけで空間が形成されたわけではない。A氏は，両親や近所に住む住民の第一種住居専用地域指定運動の迫力を目の当たりにし，日常的に行われてきた自発的な大学通りの清掃活動などの維持管理の担い手になっていった経緯がある。

第一種住居専用地域指定運動における討議は，大学通り沿道奥行き20mに該当する範囲にある土地を，高さ制限のない二種住専にすることを希望す

る地権者と，10m の高さ制限のかかる一種住専を希望する地権者との間で展開された。A 氏と同じく大学通り沿道に住む E 氏は，この記憶に基づき，建物の撤去を訴える民事訴訟の原告や景観形成地区協議会の代表を務めた際には，地権者や住民の感情につねに配慮しながら取り組みを進めてきた。個々の地権者は，大学通りの空間制御には，住民間で対立しながら討議した経験を踏まえた慎重な討議が必要だと認識しており，この意識は，大学通り沿道の住民にも共有されていた。

空間の集合的な自主規制によって私的所有権を制限してきた経験は，住民たちにとって重要なものだったのであり，低層住宅群の約4倍の高さに相当する高層マンションの建築計画自体が，そうした住民たちの自主管理努力を蹂躙することに等しかったのである。

第7節　まちを象徴する場所への関心

1　問題発覚直前の国立市大学通り景観保全運動

明和地所のマンション建築計画をめぐる景観紛争（1999～2006年）には，90年代初頭から，市内のマンション問題を中心に盛り上がった景観権運動のさまざまな蓄積が継承されていた[7]。一連の運動体の主張は，土地利用が私的所有権の行使のみによって制御されることと，行政のみを都市計画策定の主体とすることに，異議を唱えている。地域政治と行政訴訟のなかで，「公共空間としての都市景観」を争点にした運動であった。1990年代を通して盛り上がった国立市の景観権運動には，3つの大きな出来事がある。

1つ目は，市民が景観権運動を展開し，都市計画決定の違法性を認めさせようと裁判を起こしたことである。この市民運動が起きた原因は，国立市役

---

[7] 景観権運動について書かれた資料としては，大学通り倶楽部編（1995）やウェブサイトの建総研 http://www2k.biglobe.ne.jp/~kensoken/index.html が挙げられる。

判決後に記者会見をする考える会の様子。考える会代表石原一子氏の報告場面（筆者撮影）

所の提案に基づいて，1989年，東京都が行った容積率を緩和する都市計画決定によって，90年代の国立駅周辺や大学通りに高層マンションが乱立したことにある。運動体の「国立の大学通り公園を愛する市民の会」（以下，愛する会）は，各マンションの建設反対や，計画を見直させる運動に取り組んだ。愛する会の起こした景観権裁判では，市民が，景観権について東京都と国立市を相手に論議している。弁護団は，良好な景観を享受する利益とは，憲法13条及び25条が保障する人格権及び環境権の具体化であると主張し，最高裁判所まで争われた。しかし，いずれも都市計画法に住民の関与が定められていないことを理由に，請求が棄却されている。

　2つ目は，都市景観形成条例を市民発意によって制定させたことである。市民による景観条例の直接請求は，市議会で否決されたものの，この条例案は1996年に都市景観形成基本計画が制定されるのを促した。明和地所が東京海上跡地を購入する約1年前の1998年3月，都市景観の保全を制度によって担保するよう求める国立市民の民意に押されながら，国立市都市景観条例が施行された。この条例制定運動は，景観保全の理念を市内外に明示した。

　3つ目は，そのような運動の担い手の中から国立市長を誕生させたことである。1999年4月25日，景観保全の推進を公約にした上原公子が，景観権運動を担った人々を選挙運動の母体にして，現職の佐伯有行市長を破り，国

判決後に記者会見をする上原国立市長と国立弁護団（筆者撮影）

立市長に初当選した。上原市長の誕生は，90年代初頭から始まった景観権運動に市議会議員として，そして議員辞職後には一市民として参加した彼女自身の経験と，運動体からの支援によって支えられていた。

　以前から続いていた景観権運動の結果，司法が景観利益を認める大きな要因になった。景観権を地方政治の争点とすることに成功し，運動の担い手から選出された上原市長は，後に起こった明和マンション問題時に，公約に基づいて自治体の関わりを最大限まで拡げ，東京都側と明和地所に働きかけることができた。また，景観権運動は景観条例の制定に大きな影響を与えただけでなく，司法が景観利益を認める際に重視した景観形成の履歴の1つとなった。

　さらに，大学通り都市景観権運動や，市内の住環境保全運動の担い手が，運動の経験則や知識を提供したことが，制度的枠組みによってもたらされるであろう帰結を予測しながら運動することを可能にした。まちを象徴する場所への関心を有するこうした主体は，近隣の住民とは異なり，物理的な空間の変化によって生じる近隣の受苦意識は比較的薄いが，既存の運動が生み出した議論の場やネットワークを媒介して，運動に集結した。

2 住環境保全運動経験者

　国立市の他地域における複数のマンション反対運動経験者も明和マンション問題の初期から関わった。明和マンションから約1km西に離れた場所に位置するグランソシエマンション反対運動や，明和マンションから約500m東に離れた東4丁目に位置する三井不動産建設のマンション反対運動が挙げられる。

　後者には，経験者のなかに，考える会の代表者となった石原氏がいる。彼らは，マンション問題の背景にある構造的要因についての問題意識を有していた。「東地区だけの問題じゃなくて国立全体の問題」と認識していたのである。2002年，運動体が三井不動産から受け取った和解金から100万円を考える会に寄付していることから，東4丁目の運動体のなかで多くの主体に共有されていた意識だったことが分かる。

第8節　主体性を発揮させた要因

1　保全主体を創出するネットワーク

　前述の通り，空間形成の履歴は豊富にあり，さまざまな出来事が集積した結果として，並木の高さに合わせた低層住宅街という大学通りの空間特徴が形成された。しかし，市民が主体的に活動するようになった要因は，空間形成の履歴が予め地域社会のなかで共有されていたためではない。物理的な影響を一番受ける近隣住民はもとより近隣特有の受苦を被らない市民も，マンション問題に端を発して都市景観を保全するための法制度を活用する活動に参加するようになったのは，個々人が大学通りとのつながりのなかで培ってきた場所の社会的な意味とマンション建築計画とが相反していたためである。

　そして，マンション建築計画に対する各々の違和感は，事前に生起していた景観権運動体，地域の政治運動体，複数の住環境保全運動体，近隣住民間，桐朋学園関係者間，大学通りを清掃する集団などの内部で話題となり，相互

に承認された。彼らは別々の生活を送り，日常的な会話のなかで個々の土地利用や建築物をめぐる問題や保全策についてほとんど話をしたこともなかったが，そうした人々が，日常生活上の人間関係を通じてきっかけを得て，運動の担い手となっていったのである。各主体が潜在的に有していた場所に対する個人的な認識像を顕在化させ，運動の担い手になった直接的なきっかけは，明和マンション問題に取り組む市民が，既存のネットワークを通じてマンション建築計画の情報を早い段階で得たことである。それらの集団内と集団間で，同時多発的に話題になったのである。たとえば，I氏は，99年10月から2002年12月まで，考える会の事務局長を担っていた。彼は30年間郵政労働組合の全逓で運動を続け，それとは別に当時は上原公子市長の支持母体の「市民参加でまちをかえよう会」（以下，変えよう会）で幹事を担っていた。彼にとって，景観問題は，以下に示すように，弱者の権利を侵害する現代社会の構造的な欠陥として認識されていたことが，考える会の担い手になる潜在的な要因になっていた。

「力持ってる連中が，その力を使ってその人達を苦しめることに対して，ふざけんなよ！っていうのがあるから。そこは，どんな運動でも一緒だから，そこは，俺の中で全く違う運動をやっている意識はまったくない」（I氏）。

その一方で，運動を続ける直接的な理由については，「どうしても俺がやらなきゃ誰がやるって息込んでやってるわけじゃないから」と語った。同氏が問題意識を持っていたからといって，自動的に明和マンション問題に取り組むようになったわけではない。直接的なきっかけは，I氏が景観権運動の担い手と変えよう会の幹事に頼まれ，考える会の事務局会議に参加したことだった。I氏のように自身の経験に裏付けられた動機と運動が重なり合って形成された参加機会とが，より多くの人を巻き込む直接的なきっかけをつくり，運動の担い手を創出したのである。

2 合意するためのコミュニケーション

運動の担い手は，近隣住民の受苦意識と社会構造上の問題に結びついた変革意識を融合させ，大学通りの場所の社会的な意味として強調し，マンション計画の修正を求めた。同時に，それぞれの個人的な認識像を融合していく過程で，各々の主張が乖離し続けた場合に，離脱者の続出や運動体の分裂の危機も恒常的にあった。週1回行われた考える会の事務局会議は，この危機を乗り越えるために必要な機能を果たしていた。具体的には，運動目標の共有，方策の模索と選択，受苦意識と公共的命題を関連づけながら，状況について理解を深化させる場であった。

この事務局会議で，分裂の危機を回避するために，参加者に求められる参加姿勢は，お互いに対する疑心暗鬼を軽減する配慮であった。また，水平的な人間関係を前提とした討議の場なので，議論に参加する主体は，理解を共有できる言語で相手に伝えることを求められた。しかし，個々人によって言語化する能力に開きがあることが受け入れられない場合，参加者の士気が落ち，一時的に参加者が減っていく傾向にあった。討議の場とは，言語化しなければならない場というよりも，言語化が奨励される場であるという理解が自ずと求められていた。

また，非公式な場での暗黙の合意や感情が，意図的にもしくは無意識のまま，公式な討議の場に持ち込まれることがしばしばある。ただし，非公式な合意や，それが公式の場で噴出することを防ごうとするのは逆効果である。その時に起こる対立は，水平的な人間関係を保ちながら解決することが重要である。このようなコミュニケーションの作法は，目標を共有する集団外の人々と接する際に，問題への関心を喚起し，自由な判断を促すための情報を提供するビラなどの発行物[8]にも表れている。

---

[8] 考える会が発行した「「うまい汁」と市民自治」には，2002年までのビラなどが収録されている。

小 括

　国立市の自主的な理念条例としての国立市都市景観形成条例は，地域社会での合意の証であった。しかし，結果的には事業者を説得するほどの効力に欠けていた。その代わりに都市計画法に基づいた地区計画制度を短期間に策定することができた。このような市民と自治体による法制度の活用は，市民が〈市民的探究活動〉を通じて得られた専門知識を活かすことによって可能になった。

　また，場所に対する個人的な認識像について，運動に関わる個々の主体のそれまでの場所にまつわる動機から検証した。その結果，大学通りの空間は，さまざまな保全に向けた出来事が積み重なって形成されており，それらの出来事は，大学通りの社会的な意味についての理解を深める重要な履歴であった。しかし，市民が都市景観の保全に主体的に関わる理由としては，各々が相互に異なった取り組みに関する記憶とマンション計画とが齟齬をきたすことによって生じる受苦意識が大きかったことが分かった。そして，景観保全に取り組む主体が形成され大学通りに対する思いを相互に承認し合うまでには，個々の場所とのつながりについての記憶と，ネットワークが作り出した参加の機会，合意のためのコミュニケーションが作用していたと述べた。このような地域社会の実態を抜きにして，平時から一丸となった地域社会によって都市景観が保全されるという認識は，あたかも場所の社会的な意味について合意し法制度を活用する社会過程が，地域的に広がる市民の意識の高さを理由に実現するかのような期待を呼び起こすか，意識の低いとされる地域では諦めを誘発することになり，都市景観を保全する〈日常的な契機〉を捉えた法制度についての議論を見失うことになりかねないのである。

　これらの分析結果を公共政策へ援用可能な知見にするならば，都市景観の保全につながる諸主体の活動が実現した時期に着目することが，保全策を考

えるために重要となる。明和マンションの建築計画が明るみになってから，運動の参加者は地域社会における個々人の個人的な場所に対する認識像を相互に承認する機会を得た。そして，市民が不文律として共有してきた景観像が，具体的に明らかになったのである。都市景観条例に理念が定められていても，日常生活のなかでは，個々の考えを確認し，相互に承認し合う機会はなかった。ましてや，個々の財産権に対する規制を伴う法制度を，自発的に活用して保全を試みることもなかった。これらの取り組みは，事業計画が公示される前後や説明会を経て事業者が建築確認申請を行うまでの間に行われたのである。すなわち，過去のさまざまな紛争や議論の経験から，保全すべき都市景観が市民に意識されやすい地域であっても，事前に地区計画による保全策は講じられなかったのである。市民が場所の社会的な意味について合意し，法制度を活用した時期から，都市景観保全の〈日常的な契機〉は，個別の土地利用が変更されるとき，もしくは，建築計画が判明した後でないと，訪れないことを示している。

　市民には，土地利用と建築物に変更が加えられた後に，場所の変化についての物理的および精神的な〈受苦の予測〉が可能となる。〈受苦の予測〉が，地域社会の合意に必要な個々人の場所に対する認識像を相互承認する行為と，〈市民的探究活動〉に基づいた法制度の活用が行われる契機になっていた。〈受苦の予測〉が，都市景観保全の〈日常的な契機〉を規定しているのである。

　この〈受苦の予測〉に基づいた都市景観保全に向けた市民の取り組みを担保する仕組みは，国立市の場合は，予め存在していたわけではなかった。それは，市民と自治体が都市景観保全に向けて，建築主に対して働きかけた結果として，得られたのである。このような地域社会の実態に対応する都市景観の保全策の可能性を追求することが，個別の建築計画を想起しづらい段階での地区指定型の保全策でもなく，建築計画の大幅な修正が困難な行政指導でもない，新たな保全策を見出すことにつながるという仮説に行きつくので

ある。

　現在は，国立市の明和マンション問題が始まった1999年当時にはなかった大規模な土地の利用や大規模建築物に対応する法制度が，自治体が制定するまちづくり条例として整備されつつある。まちづくり条例は，都市計画法と建築基準法に基づいた手続きより以前に，建築主と場合によっては地権者が，市民，専門家，自治体と協議する機会を設定する協議手続きを有する。

　都市景観保全のために合意し法制度を活用する社会過程は，自治体の条例を活用することによって改善が試みられている。こうした法制度の改善は，自己統治に基づく都市景観保全を必ずしも自動的に可能にすることを意味しないものの，その可能性を拡大すると考えられる。そこで，次章以降では，まちづくり条例における協議手続きの位置づけを整理した上で，先駆的な自治体での事例の運用状況を把握し，〈受苦の予測〉を前提とした都市景観保全の実現に向けた課題を明らかにする。

第 4 章
まちづくり条例による都市景観保全

本章では，住宅街における都市景観保全の〈日常的な契機〉を捉えた法制度について考察する。この契機に沿って機能しうる法制度としては，環境アセスメントがある。環境アセスメントには，国の法律で定める基準と自治体の条例で定める基準があり，自治体は条例のなかで地域社会に適合的な項目を定め，さらに国の法律より厳しい基準を定めている。しかし，自治体が設定するそれらの対象基準でさえ公共事業などの大規模な開発しか対象とならず，民間の事業者が開発する分譲宅地やマンションは対象になりづらい（原科，2011：79）。そこで本書では，住環境保全に向けて運用実績がすでに積み重ねられているまちづくり条例を分析対象とする。現在，都市景観保全の〈日常的な契機〉を捉えるための仕組みは，自治体の取り組みによって，保全対象と方法ともに豊富になりつつある。自治体が取り組んだ都市景観保全の歴史は，地域社会で起きる紛争を回避しながら，保全に向けた試行錯誤の繰り返しであった。条例の制定と運用時に自治体が考慮しなければならない主な法制度は，財産権を保護する憲法規定と，それを前提にして土地利用と建築行為のあり方を規定する都市計画法と建築基準法，行政手続法である。そのため本章では，自治体がまちづくり条例を定めた経緯と，条例に基づいた仕組みについて整理し，その上で，都市景観保全の〈日常的な契機〉をめぐるいくつかの論点について考察する。

第1節　まちづくり条例の変遷

　まちづくり条例の全国的な数量について言及した調査結果はあまりない。その背景には，まちづくり条例が備える機能が自治体によってさまざまであり，1つの条例に複数の機能を位置づける場合と，複数の条例が連動することで仕組みを形成する場合があり，さらに条例の名称に統一性がないからで

ある。しかしここでは，対象や機能について限定的な調査の結果と，さまざまなまちづくり条例が制定された経緯から，まちづくり条例について把握していきたい。2000年に旧自治省が，まちづくり条例を国の法律の委任条例を除く「土地利用，建地区，屋外広告物等への規制等を規定する条例」と定義して，数量調査を行っている。この調査によると，全国で669団体（都道府県43団体，政令指定都市11団体，市区町村615団体）において，1,080条例（都道府県108，政令指定都市38，市区町村934）が制定されていた[1]。また，村木美貴（2009）が1都3県内の市区を対象に実施した調査結果によると，95の条例（東京都内43，神奈川県内16，埼玉県内16，千葉県内20）で，開発行為について何らかの協議手続きを課している。これらのまちづくり条例の変遷について見ていきたい。

本書が対象とする都市景観保全の〈日常的な契機〉に対応した条例は，開発指導要綱に基づいた行政指導が，バブル期の開発に対応できなくなった頃から制定されるようになった[2]。ただし，自治体の条例による独自の取り組みは，1960年代に遡る。1960～70年代には，鎌倉の鶴岡八幡宮の裏山の宅地造成計画への反対運動をきっかけに，66年に古都保存法が制定されたのを機に，古都や伝統的建築物を対象とした条例が制定された。以来，高度成長期の開発によって破壊の危機に晒された地域をかかえる自治体で，保存を試みる条例が制定された。同法の影響を受け，歴史的景観保全を目的とした初の景観条例として，金沢市の「伝統環境の保全に関する条例」が制定された。また，金沢市と同年に倉敷市で「伝統美観保全条例」が制定されるなど，全国に拡がっていった。72年には，京都市で「市街地景観条例」が施行され，都市計画法8条の美観地区を導入し，独自の規制手法として，承認

---

1) 調査結果については，旧自治省のウェブサイト http://www.mha.go.jp/machi/seitei.html （2002年2月27日）参照。
2) まちづくり条例の制定経緯については，伊藤修一郎（2006）の41-75頁を参照。

制と違反者への罰金を科す方式を創設した。これらの歴史的景観保全を目的とする条例には，後のまちづくり条例に導入される仕組みの源泉となる，区域を指定し事業者に届出を課した上での助言や指導，計画の承認，罰則に関する規定があった。このように，条例によって景観を保全する取り組みは，歴史的景観への対応から始まった。1973年には，岡山県で土地利用規制を目的とした「県土保全条例」が制定された。この条例の定期用対象となる1ha以上の土地の区画形成を変更する場合は，県知事と協議をし，関係市町村長と事業者が開発協定を結ぶ必要がある。後の土地利用規制により，景観保全を促進する条例に通ずる仕組みである。

　1970年代後半になると，都市景観保全に関連する条例が制定されるようになる。78年「神戸市都市景観条例」は，それまでの歴史的景観の保全を目的とする条例が，一部の歴史的景観を保全地区に指定する方式から，全市域を保全対象とし独自の景観形成基準を策定し，行政指導を通じて事業者に基準を達成させる仕組みを創設した。また，景観形成市民団体を認定し，事業者は認定された市民団体に計画の説明をしなければならず，市長はその報告書に対して，都市景観審議会の意見を聴いた上で評価するという独自の仕組みも定めた（31条）。

　また，同年には，「東京都中高層建築物の建築に係る紛争の予防と調整に関する条例」が制定された。この東京都の条例は，個別の建築計画に対する開発指導要綱に基づく行政指導の法的論拠が確立しづらいという問題，紛争の調整を目的とする手続きを定めた条例である。紛争予防条例の目的は，日照阻害，風害，電波障害，工事の騒音・振動，プライバシー侵害，圧迫感などについての法律が不十分であるために，それまでは法律上は行政が関わらない，事業者と近隣住民の間の民事とされていた問題群に対応することであった。しかし，実際には，自治体が問題解決のために果たす影響力に対する近隣住民からの期待があり，自治体は，紛争解決のために行政指導により調整を図っていた。その一方で，自治体は，行政指導における判断基準の不透

明さが財産権を侵害しうるという法的な観点からの批判にも対応するよう求められていた。自治体は，この2つの要求に対応するために，紛争予防条例を制定した（鈴木，1983：128-129）。東京都の条例制定以降，同年に条例を制定した練馬区をはじめ，他の23区の自治体も，都の条例を参考にして同様の条例を制定した[3]。

1980年代に入ると，80年の地区計画制度の活用を促進するために，地区を指定し地区内の地域住民による合意形成によって，高さ制限や意匠などの基準を策定する仕組みが導入された。この仕組みは，都市計画法の地区計画と同様に地区を指定するが，合意内容に法的な拘束力がない点が異なっている。81年の神戸市「地区計画及びまちづくり協定等に関する条例」と，82年の世田谷区「街づくり条例」が，この仕組みを導入した先駆的な自治体である。また，市民が地区指定型の保全策を講じられるように，専門家を派遣して，街のあり方を具体化するための助言を行う仕組みを備えている。

80年代後半になると，バブル経済の影響により，都市計画区域外と市街化区域と市街化調整区域に区分されていない非線引き地域の多い地方の農山村では，リゾートマンションやゴルフ場，別荘などのリゾート開発が盛んになり，指導要綱に基づく行政指導では調整が困難になったため，大規模な開発行為の際に届出を課す方式が条例に定められるようになった[4]。1990年の湯布院「潤いのある町づくり条例」は，1000㎡以上の宅地造成や，500㎡以上の敷地における高さ10m，または3階以上の建築物などの開発行為を対象とする。紛争予防条例と同様に，説明会を定めた上で，近隣住民の「充分な理解」（18条）を得なければならないとあり，事実上の同意制が規定されている。また，場合によっては首長の判断によって公聴会を開催する。公聴会を開催する方式は，1993年の真鶴町「まちづくり条例」などにも導入さ

---

3) 東京都と練馬区の条例の詳細については，鈴木庸夫（1993）を参照。
4) 土地利用規制の変遷については，大方潤一郎（1999）を参照。

表1 主なまちづくり条例の変遷

年	自治体	国の都市計画分野の法律	関連する法律
1919		旧都市計画法	
1931			国立公園法
1947			地方自治法
1950		建築基準法	
1957			自然公園法
1965	川崎市「団地造成事業施行基準」運用開始		
1967	川西市「住宅造成事業に関する指導要綱」運用開始		公害対策基本法
1968	横浜市「宅地開発要綱」運用開始	新都市計画法	
1972			自然環境保全法
1978	神戸市都市景観条例 東京都中高層建築物の建築に係る紛争の予防と調整に関する条例		
1980	神戸市地区計画およびまちづくり協定に関する条例	地区計画制度	
	世田谷区街づくり条例		
1989		土地基本法	
1990	湯布院町潤いのある町づくり条例	住宅地高度利用地区計画	
1992		市町村マスタープラン	
1993	真鶴町まちづくり条例		行政手続法 環境基本法
1995	鎌倉市まちづくり条例		地方分権推進法
2000			地方分権一括法
2002	逗子市まちづくり条例		
2003	狛江市まちづくり条例	都市計画提案制度	
2004	府中市地域まちづくり条例	景観法	
2005	国分寺市まちづくり条例 練馬区まちづくり条例		
2006	日野市まちづくり条例		
2009	武蔵野市まちづくり条例		

れた。このように，個別の開発行為を条例の対象にし，調整手続型条例における早期の周知手続きに加え，近隣住民と自治体による審査手続きを定める条例が見られるようになる。

1990年以降は現在に至るまで，土地利用規制，条例独自の地区指定型の保全，独自の基準の設置など，それまでに自治体が制定してきたまちづくり条例の対象と手続きが複合した条例が制定された。鎌倉市（1995年），大磯町（2001年），逗子市（2002年），横須賀市（2002年以降，複数の条例制定），狛江市（2003年），府中市（2004年），国分寺市（2005年）などで制定されている。本書が分析対象とする，周辺と調和しない建築物および土地利用を対象とするまちづくり条例は，日本全体で，取り扱う対象と手続きが豊富になりつつある（表1）。

第2節　まちづくり条例に関する法的根拠

本節では，まちづくり条例の制定権に関わる法的根拠から見ていくこととする。自治体によるまちづくり条例の制定を可能にする法的な根拠は，憲法94条と地方自治法14条にある。憲法94条の「地方公共団体は，その財産を管理し，事務を処理し，及び行政を執行する権能を有し，法律の範囲内で条例を制定することができる」における「法律内の範囲」という規定と，地方自治法14条の1項「普通地方公共団体は，法令に違反しない限りにおいて第二条第二項の事務に関し，条例を制定することができる」の「法令に違反しない限り」という規定とが，具体的に指し示す内容が論点となる。

2000年に地方自治法が改正されるまでは，旧地方自治法2条で機関委任事務として例示された事柄の中に，都市計画における条例の制定可能な範囲に関する条項（18, 19項）があった。18項は，「法律の定めるところにより，建築物の構造，設備，敷地及び周密度，空地地区，住居，商業，工業その他住民の業態に基く地域等に関し制限を設けること」，19項は，「法律の定め

るところにより，地方公共の目的のために動産及び不動産を使用又は収用することと定めていた。これら2つの条項における「法律の定めるところ」が，憲法29条の「財産権の内容は法律でこれを定める」の規定と連動した法律の先占領域であり，条例制定範囲を制限しているとの観点から，条例制定には限界があるとする考え方もあった[5]。ただし，行政法学分野では，最高裁判例の「ため池条例判決[6]」(1963年6月26日) をもとに，条例により財産権を制限することが可能であるとの考え方が，有力となっていた。長い間を経て，ようやく地方分権改革のなかで，第一次分権改革の成果としての地方分権一括法により地方自治法が改正され，これらの条項は削除された。

それまでは国の政令に基づき，都道府県や市町村が代行していた機関委任事務制度が廃止されたため，自治体が行う事務は，法定受託事務 (地方自治法第2条9項) と自治事務 (同2条8項) に区分され，自治体と国の役割分担が明記されるようになった。その他にも，地方自治法2条は大きく改正され，自治体の条例制定権に関する法的環境は大きく変化した。

「地方公共団体に関する法令の規定は，地方自治の本旨に基づき，かつ，国と地方公共団体との適切な役割分担を踏まえたものでなければならない」(同2条11項)。

「地方公共団体に関する法令の規定は，地方自治の本旨に基づいて，かつ，国と地方公共団体との適切な役割分担を踏まえて，これを解釈し，及び運用するようにしなければならない。この場合において，特別地方公共団体に関する法令の規定は，この法律に定める特別地方公共団体の

---

[5] 内閣法制局の前身の法務府法制意見局の見解 (1949年3月26日) より，国の有権事項であるとの考え方が影響力を持ちつづけたとされる (成田，1992：11)。

[6] 堤塘の利用権は，災害防止に向けた規制を目的とするのであれば条例による制限が可能であるとし，必要がある場合は自治体が条例で財産権を制限できるとした判例である。

特性にも照応するように，これを解釈し，及び運用しなければならない」（同2条12項）。

「法律又はこれに基づく政令により地方公共団体が処理することとされる事務が自治事務である場合においては，国は，地方公共団体が地域の特性に応じて当該事務を処理することができるように特に配慮しなければならない」（同2条13項）。

これらの改正箇所は，都市計画分野における自治体の条例制定権の拡大を意味している[7]。地方自治法の改正により，自治体の条例制定権の範囲について議論できるようになった（北村，2006：31）。しかし，その一方で，都市計画分野の分権化は，不十分であるとの指摘もある。福川裕一は，次の3点に関して，自治体による土地利用計画や規制の権限が委譲されるべきであったと指摘し，そのいずれもが達成されなかったのは不十分であるとする（福川，1999：43）。

(1) 自治体がその範囲について，総合的で実効性のある土地利用計画を立案し，それに基づく規制を行うことができる。
(2) 計画や規制の内容について（たとえば用途地域のメニューや内容について），自治体が条例で独自に定めることができる。
(3) 開発や建築の許可において，自治体がそれぞれの条例に基づいて裁量を発揮することができる。

これら3つのなかで，(1)，(2)は具体的な開発事業より以前になされるべきとの指摘であり，(3)は個別の開発事業を前提とした指摘である。この裁量部分については，裁量に基づく判断の根拠をいかに構築できるかが課題となる。

自治体が行政指導から条例に切り替えることになった背景には，開発指導

---

[7] 地方分権一括法による地方自治法の改正点については，小林重敬編（1999）の3-46頁と，北村（2004）の7-41頁を参照。

要綱に基づく行政指導によって開発事業を抑制しようとする取り組みを違法とする判決が続いたことと，1993年の行政手続法の施行によって手続きと基準を明確にする必要に迫られたことがある。行政手続法では，行政指導については以下の通り32条と33条に定められており，既出の指導要綱に基づく行政指導が違法とする判例に追随した内容となっている。

>「行政指導にあっては，行政指導に携わる者は，いやしくも当該行政機関の任務又は所掌事務の範囲を逸脱してはならないこと及び行政指導の内容があくまでも相手方の任意の協力によってのみ実現されるものであることに留意しなければならない」(行政手続法32条1項)。
>
>「行政指導に携わる者は，その相手方が行政指導に従わなかったことを理由として，不利益な取扱いをしてはならない」(行政手続法32条2項)。
>
>「申請の取下げ又は内容の変更を求める行政指導にあっては，行政指導に携わる者は，申請者が当該行政指導に従う意思がない旨を表明したにもかかわらず当該行政指導を継続すること等により当該申請者の権利の行使を妨げるようなことをしてはならない」(行政手続法33条)。

これらの条項により，それまでの通達による国の方針が裏付けられたことになる。また，行政手続法が制定される背景には，日本の経済活動の国際化に伴った海外からの要請もあった。日米構造協議において，日本政府による民間企業に対する行政指導が，日本企業間の閉鎖的な経済活動を促進し，外国企業の参入を阻む1つの仕組みであるとアメリカから批判を受けていた[8]。アメリカからの批判は，必ずしも都市計画分野を指しているわけではなかったが，結果的に行政手続法の制定は，自治体の開発事業に対する行政指導の限界も大きく規定するようになったのである。

---

8) 新藤宗幸（1992）の17-25頁を参照。

地方分権改革の進展による条例の制定権限の拡大が，まちづくり条例を制定する積極的な理由となっている。その一方で，行政手続法の制定により，開発指導要綱に基づく行政指導では問題に対応しづらくなったことが，開発指導要綱の代替としてまちづくり条例を制定するという消極的な理由となっている。

　法体系上の理由の他に，市民参加の規定を盛り込むことで，自治体が抱える問題を事業者対自治体の二者間ではなく，市民と議会を含めた民主的な手続きに基づいて乗り越えようとする条例もある。次節以降では，市民参加を取り入れた仕組みに焦点を合わせる。

第3節　市民参加の機会

1　地区指定型

　地区指定型の保全策を独自に定める条例には，用語の定義や手続きに多少の相違がある。しかし共通する点は，申請により地域を指定して協議会を設置でき，協議会内で建物の規模，位置，垣根などの事柄について合意ができた場合に，首長と協定を結び，地域内の合意事項として明示できることである。ただし，都市計画法58条の3および建築基準法68条の2に定められた，規制に強制力を伴う地区計画とは異なり，建築確認時に法的な強制力はない。法的な根拠に基づいて個別の建築行為を規定するというよりは，建築主との協議の際に，地域的な規範の根拠として協定を用いて，望ましい建築行為へと誘導することが期待される。また，地区計画などの法的な強制力が伴う制度についての合意を前提にした議論は，日常生活で住民間に緊張関係を生じさせやすくなるため，なかなか議論自体を始めづらい状況がある。そのため，合意形成の入り口としては，利害関係を話し合うがために生じる緊張関係を緩和して，地域の基準づくりに，地域的に取り組むきっかけを作る仕組みが期待されている。一度合意が形成された後には，より強制力の伴う地区計画

や，他の地区指定型の保全策へ移行する道も開ける。都市景観を保全する入口として，有効に機能するかどうかが問われるのである。

2　紛争調整手続き

紛争予防条例の特徴は，建築計画の周知と紛争調整を目的とした手続きである。この仕組みの先駆的な条例として，東京都と練馬区の条例を参照する。紛争予防条例の手続きに基づいて意見を述べることができるのは，建築物の高さの2倍の水平距離（いわゆる2H）の地権者もしくは建物の権利者と住民である「近隣関係住民」（東京都）や，2Hの範囲の住民を「隣接地住民」（練馬区）と表現される近隣住民たちである。意見を述べる権利のある者に多少の相違はあるが，建築物の影響を受けやすい近隣住民たちに異議申し立ての機会を設けるという共通点がある。

東京都の紛争予防条例では，近隣住民への周知を促すために，事業者による建築計画の事前公開と事前説明について定められた。東京都の条例は，申出があったときとあるが，申出がない場合でも，早期に説明会などの開催をするよう行政指導する（鈴木，1993：141）。また，説明の方法は，説明会か個別説明のどちらでもよいとされた。このため，実際には事業者は説明会を開催するのではなく，個別に訪問して説明をする傾向にある（新山，1992：61）。

練馬区の条例は，当近接地の世帯主の3分の2以上の了解を得るように努めなければならないと定められた。この近隣同意条項は，1988年の条例改正により，了解の数値目標が削除され，単に近隣住民の了解を得る努力をして，状況を区長に報告さえすればよくなった。東京都と練馬区ともに，近隣住民と事業者のどちらか一方からの申し出があった場合は，斡旋を行う。また，斡旋の際に，区長は調査の必要がある場合，住民の出席を求め事情を聴取することができるとした（鈴木，1993：141）。斡旋でも紛争が解決しない場合は，首長が調停に移行するよう勧告する。調停委員会は有識者2名で構成され，調停案を作成し，首長が調停案を双方に提示する。自治体は，調

停案が受け入れられなかった場合は，調停を打ち切る。

3　協議手続き

　行政指導の効力を支えていた住民同意条項が違法と判断されるようになってから，自治体は，指導要綱に依拠した行政指導の限界を加味して，さまざまな条例を制定するようになった。また，紛争予防条例の斡旋・調停では，事業者は建築確認申請と同時に条例への対応が可能であるため，事業計画を修正する時期としては事業が進みすぎている場合があり，事業の進展速度を変更することが困難である。そのため，一部の自治体は，事業計画のより初期段階から関与する条例を制定するようになった。

　大規模土地取引の届出に関する先行研究[9]では，全国で1000㎡以上の開発行為が年間500件以上あった都道府県として，東京都，神奈川県，埼玉県を抽出し，1都2県の線引き都市計画区域を有する市区町村に対してアンケート調査を実施している。この調査結果によると，東京駅を中心に約30km付近までの距離に位置する市区町村と，それより離れた地域としては神奈川県の横浜市から湘南方面にかけた地域に分布する自治体が，市街化区域の割合が高い地域であり，大規模開発において「問題となる開発がある」との認識を示している。特に，東京都の練馬区，中野区，目黒区より以西の市区で，東は府中市と国分寺市近辺に位置する市区のうち86％の自治体が，「問題となる開発がある」と回答をし，1都2県内の他の地域より強い問題意識を示している。また，「問題となる開発がある」との認識を示した自治体の多くが，住宅とマンション開発が問題となっていると回答している。そして，それらの開発問題は，住宅地の特に3階以下の住宅が多い住宅地で起きているとの認識が示されている。かつて，自治体が指導要綱で対応していた住宅街の大規模建築物が，現在でも住環境をめぐる問題を引き起こすことが多いの

---

9)　山田希一・村木美貴・野澤康（2006）を参照。

である。

　大規模開発に問題意識を持つ自治体は，開発指導要綱に基づいた行政指導で行ってきた住民同意制の代わりに，紛争予防条例と類似する仕組みとして，事業者から近隣住民への説明会，説明会に関する報告書の提出を課す手続きに加えて，「大規模開発事業」，「開発事業」に関する手続きを設けている。そして，府中市や国分寺市のように，大規模土地については土地の取引行為の直前まで遡り，「大規模土地取引行為の届出」を課し，助言や指導が行える手続きを定めたまちづくり条例を制定する自治体もある。これらの3段階の協議手続きの一部のみを採用したまちづくり条例もあれば，すべての手続きを採用したまちづくり条例もある。これらの協議手続きの過程に，市民参加の機会と，諮問委員会による審査の機会が担保される。

4　都市景観保全の日常的な契機と市民の関与

　まちづくり条例の規定を活用した，市民が関わることの可能な条例の方式として，地区指定型条例，紛争予防条例，協議手続き条例について検討した。これらの3つの方式のなかで，景観保全の〈日常的な契機〉に対応する方式は，どの方式であろうか。

　地区指定型条例に先駆的に取り組んだ自治体である世田谷区の「街づくり条例」（82年）では，協議会の代表性について苦心している。協議会の構成員は，自治体によって異なり，たとえば神戸市の場合は町内会が中心となり，世田谷区の場合は，町内会ではなく幅広い市民が参加している。協議会となる組織は，まちづくりの活動をしてきた集団が多いが，協議会での合意が地域住民の意見をどれだけ反映したものなのかという課題があると指摘されてきた（林，1992：58-59）（高見澤，1999：168）。世田谷区の場合は，95年に条例が改正されるまでは，協議会は区長に認定されるものであった（8条）。しかし，この改正によって認定制度がなくなり，他の住民と同列に扱われるようになったため，地域住民を代表する位置づけではなくなった。また，改正

前は，協議会と区長が「事前協議協定」を結び，協議会が土地取引と建築行為，開発行為を行おうとする者に対して，事前に行為の届出と協議を要請できるとあった（9条）。しかし，95年の条例改正によって，この仕組みは削除された。これらの改正は，地域住民の代表性に関する議論があったゆえのものである（高見澤，1999：173）。先駆的に条例による独自の地区指定型の保全策に取り組んできた自治体においてさえ，地区計画や景観地区と同様に，地域的な取り組みや共有する地域像がない限りは，協議会を立ち上げるまでには至っておらず，協議会が各地で次々に設置されているわけではない。

　紛争予防条例の手続きによる建築計画の修正は，容易ではない。都の条例であれば，都知事は事情を聴取することができ，練馬区の条例の場合は，説明状況に関する報告書の提出が義務づけられるため，自治体は事業者に対して建築確認の申請を遅らせるように要請する。しかし，建築確認申請は，紛争予防手続きとは別個にいつでもできるため，建築確認申請の手続きと同時に紛争予防の手続きをすることになる[10]。そのため，事業者は，合法的な建物であることを背景に，近隣住民に対して有利な立場で，建築計画ありきで交渉し，建築計画を修正しない傾向にある。

　条例には，事業者の任意の協力を得ることを目的とした規定がある。練馬区の条例では，調停委員会が工事の延期や停止を要すると認めた場合に，区長は「事業者に対して，期間を定めて工事の着手の延期または工事の停止を要請することができる」（18条4項）。この要請に従わない場合は，その旨を公表する規定（23条）により，実効性を担保する仕組みである。建築確認以前に手続きが担保されていないことが，近隣住民が不利な立場のまま，受忍範囲を「合意という形式で強制」することになると評される所以になっている（鈴木，1993：147）。

10）　新山一雄（1992）によると，練馬区では，建築確認申請を受理する一方で調停手続きが進められている。

では，協議手続きはどうであろうか。協議手続きと紛争調整条例は，どちらも同様に開発行為と建築計画を前提にした手続きである。両者の相違点は，紛争予防条例が，建築計画に関する最低限の説明責任を事業者に課す手続きであるのに対して，協議手続きは，建築計画の周知後の初期段階に，建築計画を修正する機会を担保することである。条例の規定上は，これらの手続きを経なければ，建築確認申請をすることができない仕組みになっている。したがって，協議手続きは，市民と自治体によって計画を修正する機会を，都市景観保全の〈日常的な契機〉を前提にした時期に担保しうるのである。次節以降では，協議手続きの詳細な仕組みと，法的な位置づけについて検討する。

第4節　協議手続き

1　協議手続きの対象基準

　大規模開発は，「大規模土地取引行為」「大規模開発事業」「開発事業」の3つに分類され，それぞれ適用されるまちづくり条例の協議手続きが異なる[11]。大きな開発地もしくは建築物になるほど，手続きが時系列を遡って加わる。「開発事業」に関する協議手続きの対象基準は，300〜500㎡以上の土地における開発行為である。

　「大規模開発事業」に関する協議手続きの対象基準は，土地と建物に関する規模について数値で明示されている。開発行為が市街化区域内の場合は，3000〜30000㎡で土地の対象基準を定め，その定めた土地の広さ以上の土地における開発行為を対象とする。開発行為が市街化調整区域内の場合は，2000〜5000㎡以上とする自治体もある。なお，町田市のように，どちらの

---

11) 協議手続きの対象基準の傾向については，山田希一・村木美貴・野澤康（2006）の調査結果と，高見沢邦朗・饗庭伸・小笠原拓士（2007）を参照。

区域でも同様に5000㎡以上の土地における開発行為を対象にする自治体もある。住居の床面積に関する基準は，3000㎡〜10000㎡，戸数は50〜100戸以上である。

「大規模開発取引行為」は，府中市，国分寺市，調布市，多摩市が採用している。「大規模開発取引行為」に関する手続きの対象は，5000㎡以上の土地取引である。この基準に該当する土地の所有者は，土地取引を行う6ヵ月前に届出を提出しなければならない。

これらの敷地の広さと，建物の規模の案件を対象にして，諮問機関が審査する。諮問機関は，都市計画マスタープランなどの各種行政計画を参照しながら，地域と調和した場所づくりを試みる。第三者審査会の委員の構成は，大学教授，弁護士，建築家などの有識者のみで構成される場合もあれば，国分寺市のように，6人を学識経験者として，7人を公募市民から構成する自治体もある。

市民は，自治体へ意見書を提出，場合によっては公聴会を開催することができる。審査会は，公聴会で出された市民の意向を踏まえて審査することになる。そのため，市民の建築計画に対する意見は，意見書と公聴会を通じて述べることが可能である。また，学識経験者より地域の様子に詳しい公募市民の意見が，審議会の意見に反映されることも期待される。

2　協議手続きにおける自己統治の論理形成

まちづくり条例では，自己統治の論理を形成する仕組みにさまざまな工夫がなされている。自治体の独自基準は，計画に適合している場合に自治体が事業者に対して通知書を交付する手続きを，開発許可申請と建築確認申請の前に行う行政処分として定めることにより，基準適合の審査機会を担保することが可能な仕組みである。

協議手続きについては，首長承認手続き方式と，諮問方式がある。協議手続き後に首長の承認手続きを採用している横須賀市，逗子市，真鶴町では，

一定程度以上の土地における建築計画に不満のある近隣住民は，公聴会の申請ができ，公聴会の後に首長の承認手続きが定められている。これらの承認手続きは，首長による承認手続きを課す点において，紛争調整手続きと同じである。大きく異なる点は，紛争予防条例における早期の周知，説明会の義務化，自治体への報告によって，事業者の事業開始初期段階における説明責任を果たさせる仕組みを，建築確認と開発許可申請より以前に行うことを定めていることである。また，その過程で首長は，近隣住民からの意見を聴く機会を設けることができる。自治体によっては，公聴会を開催することができる。真鶴町と逗子市の条例の場合は，近隣住民もしくは事業者が首長の見解に不服の場合は，議会の意見を求めることが可能である。そして，最後に，事業者と自治体が協定を結ぶ。首長と議会の意見を仰ぐことで，自治に基づいた保全の論理の正当性を確保しようと試みている。

　諮問方式は，狛江市，国分寺市，大磯町などが導入している。諮問方式は，有識者によって構成された諮問機関の意見を受けて，首長と事業者が協定を結ぶ方式である。この方式の場合も，首長承認手続き方式と同様に，協定を結ぶまでは次の手続きに進むことはできない。首長承認手続き方式が建築計画の承認の諾否に関する審査であるのに対して，諮問方式は，自治体が諮問機関への諮問結果として答申を受け取り，首長による行政指導として，事業主と住民に通知される。その上で，事業者と自治体は，遵守事項について協定を結ぶ。諮問方式は，法定外の仕組みであるため，計画の変更を強制することはできないと考えられている。ただし，諮問方式と紛争調整手続きの相違点は，紛争調整手続きが，建築確認申請と開発許可申請の手続きの同時期に行われていたのに対して，諮問方式は，建築確認と開発許可申請手続きより以前に，事業者が，市民，諮問機関，首長，議会と協議する機会を担保している点である。

第5節　罰則規定

　自治体は，条例により，事業者に独自の基準と手続きを遵守させるための仕組みを持っている。独自基準については，適合通知書を通知することで行政行為となる。しかし，これらのまちづくり条例の独自基準の審査と協議手続きを経ないで建築確認および開発許可の申請をすることは，法文上は可能である。その場合は，建築基準法と都市計画法においては合法で，条例においては違反となる。条例違反のまま，建築物の完成にまで至る状況を可能にする要因は，法制度の体系にある。建築基準法6条，建築基準法施行令9条では，建築確認時に確認しなければならない法制度が明記されている。この条項のなかに，まちづくり条例は入っていない。自治体の条例と国の法律が連動する仕組みが構築されていないのである。

　まちづくり条例には，非連動的な法制度の問題を解決するために，合法的な規定と判断の分かれる規定をも含む独自の条項が定められている。まず，まちづくり条例に定められた協議手続きに応じない状況や，協議結果を反映した協定に違反する行為を防ぐために，工事中止の勧告，工事中止の命令，氏名と違反事実の公表へと段階を追って，より強力に働きかけていく。事業者が最終的に従わない場合は，より強力な罰則が適用される。地方自治法14条の条例違反に対する規定「2年以下の懲役若しくは禁錮，100万円以下の罰金」に準じた規定である。自治体によっては，これらすべての罰則規定が備わっていない条例もあれば，すべて規定されている条例もある。

　その他に，市長の命令に従わない場合や協議に応じない場合に，水道などの公共施設の協力を拒否する可能性を明記し，協議内容の遵守を迫る方式を導入する自治体もある。協力拒否の原型となったのは，真鶴町の街づくり条例であった。真鶴町では，首長と議会の判断を尊重しない場合は，「町の必要な協力を行わない」（25条）と定めている。また，真鶴町以外でも，逗子

市において同様の規定（61条）が定められている。この罰則規定は，水道法15条の給水義務に関する規定を根拠法とする条項（以下，給水規制条項と記す）である。この規定において，水道事業者は，基本的には水道設備を望む者に供給しなければならないとする一方で，「正当な理由があるときは，前項本文の規定にかかわらず，その理由が継続する間，供給規程の定めるところにより，その者に対する給水を停止することができる」としている。罰則目的の給水規制条項を定める自治体は，この「正当な理由」に，実際に開発行為が給水供給可能な量を超えるなどの状況以外にも，事業者が協議結果に従わない場合も該当すると解釈している。この罰則規定により，たとえ建築物が完成したとしても，水道が使用できないと建築物として機能しないため，市民の望まない開発を進めようとする事業者に対して強力な開発抑止力となる。ただし，行政指導に従わない事業者に対して制裁目的に行うことには，賛否両論がある。真鶴町の「まちづくり条例」の制定に関わった有識者は，条例における罰則規定の根拠法として水道法15条が当てはまると主張する[12]。その一方で，行政指導は行政手続法32条，33条により罰則することはできないために，自治体は，事業者が行政指導に従わないことを理由にして，制裁を加えることはできないと考えられている。判例においても，給水拒否を許す状況がないわけではないという判断が示される場合もあるが，基本的には違法と考えられている[13]。そのため，実際の自治体の現場では，自治体が適用することを逡巡する方法となるであろう。

小　括

以上において，開発指導要綱に基づく行政指導と，紛争予防条例の法的な

---

12)　五十嵐敬喜・野口和雄・池上修一（1996）の226-227頁を参照。
13)　行政指導と給水拒否の考え方については，原田尚彦（2012）の216-217頁を参照。

位置づけを踏まえながら，まちづくり条例の協議手続きに課された機能を整理した。

まちづくり条例の協議手続きの制定目的は，財産権の保護規定を尊重しつつ，独自の基準と手続きを明示することによって，開発行為を地域社会にとって望ましい開発へ誘導する仕組みを創設することである。協議手続きは，財産権に配慮するために，開発計画が動き出す初期段階に設定される。そして，そこでの協議内容に，事業者が開発計画を修正するほどの説得力を持たせるために，地域社会の意思を確定するための自己統治の仕組みである市民参加と，専門知識が提供される審議会，首長，議会の権限を活用して，説得力を持たせられるように工夫がなされている。特に，大規模になるほど，協議手続きが付加される。

まちづくり条例に基づく協議手続きは，これまでに検討した地区指定型の保全策，開発指導要綱に基づく行政指導，紛争予防条例とは異なる3つの特徴を有する。

1つ目は，協議手続きが実施される時期が，開発指導要綱と地区指定型の保全策，紛争予防条例に基づく斡旋と調停手続きとは異なり，土地取引直前から建築確認手続き以前である点である。この協議を行う時期は，土地所有権に配慮しながら，同時に都市景観保全の〈受苦の予測〉を可能にすることを目的としている。

2つ目は，市民，事業者，有識者会議，首長，議会という多様な主体に対して，協議の場に積極的に関与する機会を与える点である。

3つ目は，市民参加，専門知識，審議会，首長，議会という地域社会を自己統治するための仕組みを活用した協議の結果を根拠に，建築計画の修正を求める点である。

この3つのうち，3つ目の特徴の1つである首長承認手続きに関しては，条例に定められた手続きを経てはいるが近隣住民に不満があるという場合に，不承認できるかという議論がある。この論点については，先行して運用して

いる自治体では，保全に向けてあまり機能していないとする指摘がある[14]。機能しない理由として，不承認にする判断材料が乏しいとされる。また，第5節では，条例に定めた手続きと協議内容の履行を確実なものにするための罰則規定についても検討したが，罰則規定は，手続きを無視する事業者に対しては適用可能である。しかし，協議内容に従わないことを理由にした適用可能性については，賛否両論ある。個別の開発行為を前提とした協議の結果を強制することの是非については，明確に是とする根拠法はない。そのため，今後，非合法とする司法判断が出る可能性を残したまま，自治体の判断に基づき運用することになる。法的な強制力のある根拠法に基づいていないまちづくり条例の協議手続きにおいては，自治体からの要請は行政指導の扱いとなり，行政手続法32条「相手方が行政指導に従わなかったことを理由として，不利益な取扱いをしてはならない」が該当することが懸念される。

　このような法的な位置づけについての議論と懸念に鑑みると，まちづくり条例の協議手続きは，開発の強行を試みる建築主に対して，協議内容を法的に担保する力は弱い。現行の協議手続きの法環境は，任意の協力を引き出す協議手続きを担保する仕組みになっている。そのため，先行研究では，予め定められた開発基準や地区計画などの地区指定型の規制を設け，事業者がその基準に従って事業計画を作成することが望ましいという結論に至る傾向がある。北村喜宣（2008）は，合法的な建築物が地域で問題になる可能性があることを認める一方で，協議内容を事業者に強制することは，同意制条例を盾にした住民の拒否と同様に，裁量幅が無制限になるため違法とする。そし

14）　内海麻利は，横須賀市の事例分析を通じて，「関係住民の個別の要望を事業計画に反映するよう事業者に強制できず，当事者間の調整の場を設けるのみに終始しているのが実態である。横須賀市の仕組みであっても，法令や条例に違反していいない事業計画に対し，住民の個別の意見書や住民説明会等の内容に基づき承認しないことは難しい。それは，不承認という公権力の行使を行う判断材料が乏しいと考えられているからである」（内海，2010：307）と論じている。

て，解決策として，協議内容の幅を予め限定した協議手続き，地区指定型の保全，予め定める規制基準を挙げる。

　基準を予め定めることを重視する理由は，まちづくり条例の協議手続きに基づく取り組みが，財産権を侵害するのを回避するためである。協議結果に基づいて計画を修正する効力を法的に担保することが困難であることを理由にして，個別の事業に市民の意向を反映させることも同じく困難であるという結論は，法制度間の整合性の問題として捉えた結果として導き出されている。

　しかし，そもそも自治体がまちづくり条例を制定した背景には，自治体と市民が，国の法制度では対象になりづらい住環境の保全に取り組まなければならないという問題があった。その問題に鑑みて，都市景観保全の〈日常的な契機〉を捉えた法制度を模索するならば，法制度間の整合性の観点のみに基づいて，法的に適正なものとして，予め都市景観を保全する方策の優位性を説いたとしても，問題解決には至らないであろう。そうであるならば，都市景観保全の〈日常的な契機〉が〈受苦の予測〉に基づいて確立されてから保全策が講じられることを，郊外の地域社会の実態として捉え，その可能性を追求することが必要になっていくと思われる。そのため，次章から，まちづくり条例の協議手続きに基づいた都市景観の保全策について検討する。

　第5～7章では，まちづくり条例の協議手続きが有する効果を検証するために，3つのまちづくり条例を取り上げ，各協議手続きの対象となった事例の分析をする。まちづくり条例の協議手続きに，協議する機会，多様な主体の関わり，専門知識の提供を含む自己統治の仕組みを，〈受苦の予測〉を可能にする手続きとして位置づけることの意味について検討する。それらの協議手続きに定められた機能が，市民が都市景観の保全に向けて，場所の社会的な意味について合意し法制度を活用する社会過程と，それらの社会過程に必要となる〈日常的な契機〉に与える影響を考察する。

　第5章では，国分寺市まちづくり条例の協議手続きの効果を検証する。こ

図2 まちづくり条例の協議手続きの位置づけ

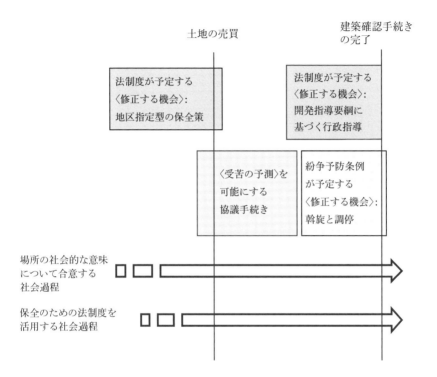

の協議手続きの特徴は，早期の協議開催の時期を定め，市民と専門家によって構成される審議会のなかで，事業者に要請する建築計画の修正内容を審議する仕組みである[15]。

---

15) 大規模土地取引行為に関する手続きは，府中市のまちづくり条例で最初に導入された。そのため，府中市の担当課に聞き取り調査を行ったが，府中市の議事録が簡素であるため，建築計画の修正点が記録に留められていないという調査上の限界があった。また，諮問委員会を構成する有識者が，大学教授などの専門家に限定されている。そのため，本書では，審議会の詳細な議事録が残っており，諮問委員会の有識者に市民が半数より1人多い人数を占める国分寺の事例を参照する。

第6章では，狛江市のまちづくり条例の協議手続きの効果を検証する。この協議手続きの特徴は，有識者によるまちづくり委員会が，調整会という協議の場を開催し，個別の建築計画について，市民と事業者を交えて，個別の建築計画の修正可能な箇所を模索する仕組みである。第5章の国分寺市と第6章の狛江市の条例は，専門家が協議手続きに沿って重要な役回りを担うことを定めた条例であるため，市民の〈市民的探究活動〉に基づく専門知識の実態についても検証する。

　第7章では，逗子市のまちづくり条例の協議手続きが有する効果を検証する。この協議手続きの特徴は，市民が建築計画に異論がある場合に，公聴会で意見を述べることができ，その結果を踏まえて，市長と議会が意見を表明する仕組みである。この方法については，横須賀市も同様であるが，市長承認の他に，公聴会と議会承認の機会を設定する逗子市の事例に着目する。真鶴町も同様に，公聴会と議会の承認を位置づけているが，逗子市はリゾート地向けの開発に晒される地域よりも，多くの住民が都内に通う住宅地としての地域的性格が強く，また公聴会開催後に市長と議会の見解を述べる機会を確保することによって，市民，首長，議会による自己統治の論理を構築しようと試みている事例として，注目に値するのである。

第 5 章
市民と専門家による協議手続き
国分寺市まちづくり条例の事例より

本章では，国分寺市のまちづくり条例を参照し，市民と専門家による協議手続きと，大規模土地取引行為に対応した協議手続きの運用実態について検証する。

第1節　国分寺市まちづくり条例の特徴

1　まちづくり条例制定の背景

　国分寺市は，市民参加に基づく約3年間の条例策定過程を経て，2005年にまちづくり条例を施行した。この条例が成立する背景には，国分寺崖線にマンション紛争があったため，同様の紛争が発生しないようにする意図があった。

　そのマンション紛争とは，国分寺崖線の高台側に位置し，崖線の緑地帯から約50m，真姿の池湧水群[1]から約100mに位置する土地のマンション計画をめぐる紛争である。紛争の対象となった事業概要は，9600㎡の敷地に8階建（建物の高さ：約25m）のマンション3棟（合計138戸）の建築計画である。この紛争は，2001年〜2005年の3年半の間に事業者と市民，近隣住民，市の間で計画が問題視された。市民側は，3度の緑地保全やマンションの建物の高さと基礎工法の変更に関して，陳情により議会にも働きかけた[2]。こ

---

[1] 真姿の池湧水群は，環境省が1985年（昭和60年）に全国から100の名水地を選定した「名水百選」に選出されている。東京都内では，この他に青梅市の御岳渓流の2地点が選ばれているのみである。国分寺では，湧水の重要性が地域住民にも理解されている。

[2] 1回目は，東山道を保存する会が8月に提出し，2001年9月に本会議で採択された。2回目は，新たに2001年10月に15団体と個人によって発足した「みずとみどりと文化財を守る連絡会」が2001年11月に提出。3回目も，同連絡会が2003年5月に提出した。

の間に,市は事業者に対して土地の買収を打診し,最終的に開発予定地の約3分の1の土地を,国指定の武蔵国分寺の史跡として,市有地とした。しかし,市民団体は建築計画に納得がいかず,事業者との訴訟に発展し,最終的には合意に至った。合意内容は,次の3点である。1つ目に,事業者が,国分寺崖線の歴史的景観や湧水などの自然環境を保全するために,500万円を市に寄付すること。2つ目に,事業者が,真姿の池周辺の湧水の水質について,所定の井戸の地下水を調査すること。3つ目に,事業者が,マンション周辺に,自然環境と歴史的景観の意義を説明する掲示板を設置すること。市民側は,これらの合意項目について,寄付金の額が保全のための基金としては少額と感じられることや,自然景観と歴史的景観の破壊,湧水量の低下など自然環境への悪影響を払拭できないため,不満が残った[3]。しかし,マンション建築工事が完了しつつあったため,裁判所が提示した和解案に同意した。このマンション紛争に基づき,国分寺崖線区域内の開発に対する基準は,より厳しい値となった。

2 まちづくり条例の構成

国分寺市まちづくり条例は,国分寺市基本構想,都市計画マスタープラン,環境基本計画,まちづくり計画[4],地区計画,建築協定,その他まちづくり市民会議の意見を聴いて市長が指定したものを,まちづくり基本計画(7条)として位置づけている。まちづくり条例は,このまちづくり計画を実現するために主な柱として,「協働のまちづくり(12条~24条)」,「秩序あるまちづくり(25条~38条)」,「協調協議のまちづくり(39条~84条)」の三部から構成されている。

---

3) 合意内容と市民側の評価については,「名水と歴史景観を守る会」ウェブサイト掲載の2005年1月31日付の「和解にあたっての声明」,「裁判所の和解条項」を参照した(2012年11月20日参照)。
4) まちづくり条例第4章の規定に基づく国分寺市指定の地区ごとの計画を指す。

「協働のまちづくり」では，「地区指定まちづくり計画」，「テーマ型まちづくり計画」，「都市農地まちづくり計画」，「推進地区まちづくり計画」の設置についての手続きを定めている。これら4つの計画は，名称に表れている通り計画内容が異なるものの，大きく分けると，テーマ型と地区指定型に分かれる。テーマ型の「テーマ型まちづくり計画」は，計画内容と計画範囲を自由に定められる。それ以外の地区指定型の計画内容は，地区を指定し，宅地や農地などの土地利用の基準，公共施設の整備計画，都市環境保全及び創出を目的とした計画（12条）である。作成主体は，「地区指定まちづくり計画」と「都市農地まちづくり計画」が，計画対象地区で居住者，所有者，事業者，農業従事者として関わる主体を前提にしている。「推進地区まちづくり計画」は，市長が指定した地区のまちづくり計画の作成のために，まちづくり協議会が設置される（21条・22条）。計画の範囲は，まちづくり推進地区が1ha以上であり，その他の「地区まちづくり計画」と「都市まちづくり計画」は，3000㎡である。

これら4つのまちづくり計画は，市民参加によって作成され，国分寺市の行政計画として位置づけられる。また，「地区指定まちづくり計画」と「都市農地まちづくり計画」は，都市計画提案制度と連動するように図られている（19条）。それぞれのまちづくり計画は，開発事業を行う際に，まちづくり計画に即すよう求めている（41条・69条）。

国分寺市まちづくり計画を具体的にする過程で懸念される地域の合意形成の困難を克服するために，計画作成以前に合意形成をするやり方と，各々のまちづくり協議会が国分寺市に原案を提案した後に，両者がともに，地区住民に説明して理解を得てからまちづくり計画にするやり方がある。後者を設定することで，合意形成の困難を低減することが期待されている。

「秩序あるまちづくり」では，都市計画法に定められた都市計画決定や都市計画提案制度の手続きに，市民参加の観点から計画を公開する手続き，意見書の受理および応答手続き，公聴会，まちづくり市民会議，都市計画審議

表2　紛争予防手続きの対象

	対　象
一般開発事業 （41条）	・開発区域面積500㎡（国分寺崖線区域内：300㎡以上）の開発事業 ・中高層建築物（最低地盤面から高さ10mを超える建築物または地階を含む階数3階以上の建築物） ・16戸以上の共同住宅ワンルーム建築物，地区指定型のまちづくり計画が定められている地区内の開発事業 ・テーマ型まちづくり計画と関係があると認め，市長が市民会議の意見を聴いて指定した区域内で行う開発事業 ・建築物の用途変更で変更する床面積の合計が1000㎡以上の開発事業
大規模開発事業 （63条）	・開発区域の面積が5000㎡を以上の開発事業 ・共同住宅で計画戸数が100戸以上（国分寺崖線区域内：60戸以上） ・床面積の合計が10000㎡以上（国分寺崖線内：6000㎡以上） ・店舗面積の面積が1000㎡以上の開発事業 ・開発区域面積が2000㎡以上の墓地造成（既存墓地の拡張を除く）

会での審議手続きが加えられている。都市計画提案制度に関しては，提案時の支援として専門家の派遣や情報提供による支援が可能となっている。都市計画決定に関する手続きに関しては，原案作成段階と都市計画決定段階に，上述の市民参加を促す手続きを付加する手続きを，まちづくり条例に定めている。

「協調協議のまちづくり」では，良好な住環境を保全することが目的とされる。紛争予防手続きを，都市計画法と建築確認に基づく手続きに入る前に完了する必要のある手続きとして定め，市独自の開発基準を定めている。紛争予防手続きを課す目的は，市民と有識者の意見を反映して紛争を予防するためである。手続きの対象には，表1に示した通り，土地と建物の規模別に，大規模開発事業と一般開発事業がある。大規模開発事業を対象とする手続きは，一般開発事業を対象とする手続きの前に経過する。まず，一般開発事業

の手続きから見ていきたい。

3 まちづくり条例による協議手続きの位置づけ

　一般開発事業に関する手続きの対象は，まちづくり条例後の手続きとなる都市計画法29条の開発許可制度の対象のうち，自治体の条例の指定で可能となる，より小規模の土地も対象になるようにしている[5]。一般開発事業に関する手続きには，開発許可制度開発基本計画の届出（41条）と開発事前協議書の提出（43条）が義務づけられている。これらの届出の間に，近隣住民に事業概要を説明する機会や，住民から意見や要望を提出する機会がある。その上で，建築計画についての理解が得られない場合は，近隣住民は，20歳以上の近隣住民の半数以上の連署とともに公聴会の開催を請求することができる。その後，国分寺市は，まちづくり市民会議に市として事業者に指導すべき内容を諮問する。

　まちづくり市民会議は，公聴会で示された近隣住民と事業者の主張を踏まえて，国分寺市に答申を提出する。まちづくり市民会議は，大学教授や法律家などの有識者と国分寺市民の公募委員で構成される。委員会の人数構成は，有識者が6人で，市民が7人であり，市民の意見が尊重されやすい人数構成となっている。

　事業者は，国分寺市の指導に対して，見解書を提出することが義務づけられている（49条）。この見解書に示された計画の最終案に対して近隣住民の納得が得られない場合，近隣住民は，20歳以上の近隣住民の3分の2以上の連署とともに，「開発事業申請の再考手続き」（59条）（以下では，再考申請制度と記す）により，事業者に対して計画の再考を求めることができる。「開

---

[5]　都市計画法第29条および都市計画法施行令19条の規定により，都道府県または事務処理自治体が，「市街化の状況により，無秩序な市街化を防止するため特に必要があると認められる場合」は，「三百平方メートル以上千平方メートル未満」の範囲内で，条例により規定できる。

発事業申請要請書」を受けて，市長はまちづくり市民会議の助言を得た上で，事業者と近隣住民に助言または提案する。それでも解決しない場合，近隣住民と事業者は，斡旋・調停の手続きを申請することができる。

　最後に，開発基準の適合審査（50条）手続きに入る。開発基準は，「宅地開発指導要綱」と「中高層建築物等指導要綱」に基づいて作られた。開発適合審査基準は，建物の高さや敷地内の緑地比率などの，都市景観に関係する基準について定めている。それが完了すると，事業者と市の間で開発事業に関する協定が結ばれ，まちづくり条例の手続きが完了する。

　次に，大規模開発事業に別途付加される手続きについて見ていく。大規模開発事業に関する手続きには，土地の権利の移転より以前と以後の手続きがある。5000㎡以上の土地の権利を移転しようとする者は，その土地取引行為が行われる3ヶ月前までに，「土地取引行為の届出」を市に提出しなければならない（61条）。これを受けて，市長は，市民会議の意見を聴いて提出者に対して助言を行う（62条）。

　表2に示した大規模開発事業の手続き対象になる土地については，事業者は，「土地利用構想」の届出を提出しなければならない（63条）。この土地利用構想に対して，市民は，市を経由して意見書を事業者に提出することができる。事業者は，この意見書に対して見解書を示す。これを受けて市は，公聴会が必要と認める場合は，公聴会を開催する。その後，市は助言または指導を行うことができる（68条）。この後に，前述の一般開発事業を対象とした紛争予防手続きへと移る。

　なお，まちづくり条例の手続きを経ずに工事を行った場合は，市が工事の停止を命令できる（94条）。この命令に従わない場合は，事業者の氏名や違反事項が公表される（95条）。その他に，6ヶ月以下の懲役または50万円以下の罰金の罰則規定が適用される（98条）。

　まちづくり条例に定められた全般の仕組みを円滑に行うために，まちづくりセンターが設置されている。まちづくりセンターは，市民，事業者，行政

の間の架け橋となるべく開設された公設民営の機関である．運営主体は，市内の建築家や技術士などの専門家を含む市民が運営する NPO 法人に委託されている．この運営主体は，3 年間を要したまちづくり条例の設立過程に関わった市民を中心とする団体である．同団体は，まちづくりと都市計画に関する情報収集および提供事業，調査・研究に基づいた提案事業，相談・支援事業，啓発事業を行う[6]．

第 2 節　まちづくり条例に基づく協議手続きの対象事例

1　分析対象の事例

　国分寺市まちづくり条例が定める手続きのなかで，「協調協議のまちづくり」の手続きは，本書が着目する都市景観保全の〈日常的な契機〉を捉えている可能性がある．これに該当する具体的な手続きは，土地取引行為の届出制度と，市がまちづくり市民会議の答申に基づいて事業者に助言および指導する手続きである．そのため本章では，調査対象期間である施行年の 2005 年〜2012 年までに，これらの手続きのどちらかを経た事例から，後述する事例を除外した合計 8 事例を分析対象として抽出した．そして，協議手続きの運用のされ方と事例ごとの帰結から，大規模な土地利用の変更時を捉えて協議する仕組みと，行政からの指導の拠り所とされるまちづくり市民会議が果たす役割について検証し，その課題について明らかにする．

　市は，公聴会が開催された場合，住民の意見を具体的な指導内容にするために，またその他にも，建築計画の修正を求める根拠が必要な時に，まちづくり市民会議に諮問する[7]．そのため，具体的には，一般開発事業のうち，市がまちづくり市民会議に指導のための答申作成を諮問し，なおかつ，再考

---

[6]　「特定非営利活動法人まちづくりサポート国分寺定款」を参照．
[7]　都市計画課の担当者への聞き取り調査の結果による．

要請制度が活用された事例を，市，まちづくり市民会議，住民，事業者の間で議論が必要になった事例として捉え，それらの事例に焦点を合わせる。なお，再考要請制度の申請後に，協議が合意に達したために取り下げられた事例についても分析対象とする。

ただし，まちづくり市民会議の答申を経た上で市から事業者に対する指導があったものの，開発事業に関する協定の段階に至らずに事業が取り下げられた事例，再考要請の申請のみがあった事例がそれぞれ1件ずつあるが，これらについては，事例の経過とまちづくり条例の接点を完全には分析しきれない事例のため，分析対象から除外する。また大規模開発事業については，土地取引のない，同じ地権者による事業があった。スーパーマーケットの建物を建て替える事例が1件と，大学内に図書館を増設する事業が1件あった。そして，開発区域の面積が大規模事業の基準である5000㎡未満であったが戸数基準60戸以上に該当する130戸のマンション計画が1件あった。これらは，大規模事業のため，都市景観に影響を与える事例ではあるものの，本章で分析対象にする土地取引の届出によって協議を開始した事例ではなく，土地取得後の段階で大規模土地利用構想から協議を開始した事例である。さらに，これらの事例は，土地利用構想の届出に対する指導に対して，事業者から異論なく了承され，計画について近隣住民からも協議手続きを通じて異論が出なかった事例であるため，分析対象から除外する。

2　まちづくり市民会議の審議事項

まず，まちづくり市民会議の答申に基づいた指導のあった事例の分析対象として，以下の5事例の概要について見ていきたい。そして，それらの事例において，協議の過程で争点になった事柄と，協議の結果もたらされた建築計画の修正が可能になった論理について分析する。

分析対象事例の協議項目については表に取りまとめた。個々の事例は，建築計画のある土地の周辺地域の事情が，対象事例の性格を大きく位置づけて

いるため，各自事例の概要について先に記す。

　Dの事例は，開発区域が710.51㎡の土地に，高さ4階建（11.84m）の34戸のワンルームマンションを建築する計画である。もともと畑だった土地は，接道のある南側から南北に長方形の土地であり，西側隣地は戸建住宅であった。建築計画にあった南北に細長い4階建の集合住宅は，西側住民の日照に大きな影響を与える。このため，近隣住民は，生活環境を考える会を組織し，事業者に対する地域的な働きかけがあった。

　Eの事例は，周辺が戸建住宅と畑が混在した地域に位置する開発区域面積1032.74㎡の土地に，5階建（高さ14.9m）24戸の家族向けの部屋で構成されるマンションを建設する計画である。近隣の多くが住む2階建の戸建住宅の住民は，この計画について違和感を持った。

　Fの事例は，企業の社宅があった大通り沿いで，開発区域1573.33㎡の土地に計画された5階建（高さ15.35m）30戸の集合住宅の建築計画である。建物の高さに起因する圧迫感や日影被害をめぐって，近隣住民と事業者間の協議がなされ，まちづくり市民会議にも諮問された事例である。

　Gの事例は，国分寺崖線内に位置する566.98㎡の土地に，4階建・地下1階（高さ13.85m）16戸の集合住宅を建設する計画をめぐり，近隣住民と事業者，まちづくり市民会議の間で，計画について議論された事例である。近隣住民は，国分寺崖線内であるための景観保全や近隣住民への圧迫感の観点から，建物の高さへの違和感と，地盤の安全性へ強い疑問があった[8]。

　Hの事例は，国分寺駅近くの725.55㎡の土地に，地上7階（高さ24.28m），地下1階の集合住宅を建築する計画であった。当該の土地は，都市計画法に基づく用途地域は，比較的大きな建物が建てられる近隣商業地域に指定されているが，地理上では，まちづくり条例によって規制される国分寺崖線の一部でもあることから，近隣住民から強い反発が起きた（表3）。

---

8) 2007年第9回まちづくり市民会議録を参照。

表3 まちづくり条例の対象事例

諮問事例		事業の概要	大規模土地取引	大規模土地利用構想	まちづくり市民会議の答申に基づく指導	再考要請	外壁や建物の後退	目隠しおよび窓の加工	建物の高さ制限	高木の位置	電波障害の軽減	緑地の確保	既存樹木の保全	地盤（地下水の保全を含む）	将来の隣地利用に向けた道路整備	共用スペースの廃止	機械式駐車場の縮小	戸建住宅への変更	ワンルームからファミリータイプへ	公園のあり方
大規模土地取引	A	分譲宅地 (34区画) 開発区域面積 6925m² 第一種住戸専用地域 建蔽率40%、容積率80% 第一種高度地区 (10m)	◇	◇	—	—							○ 公園づくり、緑道づくりによる住環境保全							
	B	集合住宅（約400戸） 高さ 45m 開発区域面積 13910.84m² 第一種住戸地区 建蔽率60%、容積率200%	◇	◇	—	—			▲ 45m→25m ・新地区計画の特例が認められ20mではなく25mになった。 ・盛土を周辺に合わせて削ることには応じず。											
	C	分譲宅地 (33区画) 開発区域面積 625608m² 第一種低層住居専用地域 建蔽率40・50%、 容積率80・80% 第一種高度地区 (10m)	◇	◇	—	—						○ 住環境	○ 樹木医による診断の実施		○ 道路を行き止まりにしない					○ 公園を建築敷地に含めない
	D	集合住宅 (34戸) 4階建、高さ 11.84m 開発区域面積 710.51m² 第一種住居地域 建蔽率60%、容積率200%	—	—	◇	◇			▲ 11.84m→ 11.64m (20cm減)									×	×	

					圧迫感	プライバシー	日照	住環境				
一般開発事業	E	集合住宅 (24戸) 5階建, 高さ 14.9m 開発区域面積 1032.74m² 第一種住居専用地域 建蔽率 60%, 容積率 200%	—	◇	◇	圧迫感		▲・24戸→23戸 (1戸減) ・日照	○ 住環境				
	F	集合住宅 (30戸) 5階建, 高さ 15.35m 開発区域面積 1573.33m² 第二種中高層住宅住居専用地域 建蔽率 60%, 容積率 200%, 第二種住居専用地域 40%, 容積率 80%	—	◇	◇	○ ・圧迫感 ・1m → 1.5m		▲・1部屋減 ・圧迫感の軽減 ・日照の確保			○	○	
	G	集合住宅 (16戸) 地上4階, 地下1階 高さ 13.85m 開発地区面積 566.98m² 第一種・第二種中高層住居専用地域 建蔽率 60%, 容積率 200%	—	◇	◇	○ ・壁面の85cm移動 ・景観保全、圧迫感の軽減	○ プライバシーへの配慮により、窓を小さくし、窓ガラスを非透明化	▲・16戸→15戸 景観保全、圧迫感の軽減		○ 安全性を確認するために追加調査を行う			
	H	集合住宅 (31戸) 地上7階, 地下1階 高さ 24.83m 開発区域面積 725.55m² 近隣商業地域 建蔽率 80%, 容積率 300% 第三種高度地区	—	◇	◇			▲・住民は20m以下を要望 ・結果は、高さ 24.83m→24.28m (55cm減) ・日照、風害		▲ 出水の場合は事後対応			○ 25cm→30cm. 近隣の建築時のために、狭小道路の接道面の公開空地の拡幅

◇：該当する手続き
○：事業者が計画に反映することを認めた項目
●：住民の主張と事業者の対応で大きな幅があった項目
×：論点になったが修正されなかった項目

3　争点となった事柄

　まちづくり条例の手続き過程には，建物の高さ以外にもさまざまな問題が近隣住民から事業者に対して提起される。一見すると建物の高さ以外の問題ではないように見受けられる問題であっても，建物の高さに関連性のある問題が少なくない。近隣住民が配慮を求めた事柄は，建物が近隣住民に与える影響を軽減する観点から，圧迫感の軽減（E，F），日照の確保（E，H），および景観保全の観点から，主に建物の高さの低減を含む建物の規模の縮小（D，E，F，G，H）や外壁の後退（E，F）についてである。そして，地盤の耐久性や出水を懸念する声があった（G，H）。これらの懸念が示された土地は，斜面地にあるため，地盤面の崩壊に対する懸念が述べられている。ただし，地盤の問題は，2事例とも近隣住民から建物の高さへの違和感が示されているため，単に地盤の安定性に関する危惧だけでなく，斜面地に立つマンションがその地域にふさわしくないことを論証するための根拠としても用いられている。したがって，建物の高さと関連する争点といえる。

　一方で，建物の高さに直接は関連しない問題として，一戸あたりの規模も問題があった。近隣住民は，ワンルームマンションのように一戸あたりの規模が小さい住戸に移り住む新住民の定住性が低いと予測し，彼らの生活形態が近隣住民の地域生活に与える影響を心配することもあった。

第3節　まちづくり市民会議の答申に基づく指導

　建物の高さについては，近隣住民が違和感を持った事例では，最後まで協議事項となる。建物の高さと一戸当たりの規模に関する建築計画について，近隣住民が説明会や公聴会での事業者側の対応に納得できない場合，国分寺市からまちづくり市民会議に諮問される。市は，まちづくり市民会議からの答申に基づき，事業者に対して指導書を交付する。その後，住民もしくは事

業者が納得できない場合は，再考要請制度を活用することができる。再考要請制度は，市が再考要請書を交付することになるため，あらためてまちづくり市民会議に意見を聴き，その意見に基づいて再考を要請する。再考要請制度の申請から再考要請書が交付されるまでの間に，斡旋・調停の手続きが同時に行われることがある。本章では，この過程も再考要請制度の一環として捉える。

　まず，まちづくり市民会議の答申の中から，建物の高さに関する部分と，それに対する事業者の対応を見ていきたい。まちづくり市民会議は，説明会，公聴会，意見書を踏まえて，国分寺市が事業者に指導すべき内容を答申するために議論している。その答申内容は，近隣住民の要望に基づき，なおかつ説得力を持たせるために，3段階の強化過程があった。

1　3つの指導内容

　まちづくり市民会議による答申内容は，まちづくり条例にまちづくり基本計画として定められた都市計画マスタープランなどの各種行政計画を，事業者による開発事業の基本方針として準拠するよう促す。ただし，行政計画に基づいた指導は抽象度が高く，具体性に欠け，わざわざ指導するような内容にならない。そのため，まちづくり市民会議は，より具体的に指導すべき内容について議論した。そして，事例の特質に合わせて，次の3つの内容が付加されている。3つの内容のうち，1つ目の答申内容のみが記載された答申もあれば，3つすべての内容が盛り込まれた答申もある。

　1つ目は，まちづくり市民会議が，まちづくり条例にまちづくり基本計画として定められた都市計画マスタープランなどの各種行政計画と近隣住民からの要望を勘案し，近隣住民とのより一層の話し合いを促す内容である。Fの事例では，国分寺市は指導に際して，事業者が近隣住民からの要望の一部分に応じていることに理解を示した上で，引き続き建築計画に対する近隣住

民の理解を得るための努力を促している[9]。Dの事例では,「土地利用が全体に地域全体に影響を及ぼすことを自覚し,地域環境や近隣住民等の意向にも配慮した地域共生型の内容となることが望まれる」[10]と指導した。Gの事例でも,「出された意見要望に対して誠意をもって対応するよう指導する」とある。

2つ目は,具体的な事柄について修正を促す内容である。Eの事例では,まちづくり基本計画への配慮に加え,「建築物の外壁の位置について,現計画より西側隣地境界からさらに後退すること,建築物の高さについて提言すること,及び最上階の床面積の縮小等の検討を行い,周辺環境への負荷の軽減を図ること」[11]と,まちづくり条例で予め定められた開発基準以上の変更を求める指導を行った。その他の事例においても,類似する内容が示されている。Hの事例では,日照とプライバシー,地下水,緑地の保全,公開空地の増加を促す指導を行った。

これらの指導内容は,前述した土地利用のあり方と建物の規模に関する具体的な事柄に焦点を当て,各種の行政計画の理念とまちづくり条例の開発基準以上を求める近隣住民からの要望に沿って計画を修正することが望ましいことを,明示的に伝えている。しかし,その一方で,近隣住民の望み通りの階数の減少を指導するほどの根拠に乏しい場合には,数値による指導内容とはならず,「縮小」,「軽減」,「住民の理解」,「配慮」,「地域共生」という言葉によって対応を促す表現が用いられた。

3つ目は,望ましい計画の修正内容について,具体的な数値によって示す内容である。Gの事例では,市民まちづくり会議が,開発事業事前協議書に

---

[9] 「国分寺市まちづくり条例第48条第1項に基づく指導書」(2008年4月15日)を参照。

[10] 「国分寺市まちづくり条例第48条第1項に基づく指導書」(2006年12月6日)を参照。

[11] 「国分寺市まちづくり条例第48条第1項に基づく指導書」(2008年1月21日)を参照。

関する答申を策定する議論のなかで，用途が崖線保全の方針や住民の認識と乖離していることが指摘された。まちづくり市民会議では，風致地区が指定されていてもおかしくない地域であるとの認識が示された。その上で，住民の意向に沿った計画の修正を促すことの可否が議論された。その際に，近隣住民が望む建物の高さについては，賛同する意見が多かったが，事業者に対する効果的な指導内容については，妙案は出されなかった。議論の結果をそのまま反映した答申となった。答申とそれに基づく国分寺市の指導において，「建築物のボリュームを周辺状況に合わせて小さくすること，及び，周辺環境が低層の専用住宅であること等を踏まえ，建物の階数を3以下にすることを検討すること」と記された。

2　事業者の反応

1つ目の近隣住民とのさらなる協議に促す指導については，事業者は可能な限り近隣住民との協議を通じて納得を得るべきだと述べる傾向にある。どの事例の場合も，事業者はどのように協議に応じるかまでは触れずに，努力する方針を述べている（G，F，E）。また，事業者によっては，Eの事例の事業者のように，協議に応じることと計画修正が困難であることを同時に述べる。建築計画に関しては「（中略）指導書の内容に関し，事業構想に影響がない範囲での対応は，積極的に取り入れる（中略）」とし，「法的環境に適した意見，要望に対して返答し，可能な範囲での対応」をすると述べている。このように計画修正に慎重な姿勢を強調しながら，抽象的には近隣住民と協議をする方針を明確に表明している。

ただし，説明会と公聴会を経た後に，近隣住民と協議することに対して，拒否反応を示す事業者もあった。Dの事例では，近隣住民の意向に配慮するよう促された事業者は，その指導書への回答で以下のように述べている。

「今回の指導書に関しまして，まず近隣住民の方々よりの，環境破壊とか，この地域で4階建は，とんでもないという主張に対して，地域住民の一部の

方々の感情論を基に，判定されている部分が大きいのではないではないか？と考えざるをえません。この地域には，すでに5階建，7階建のマンションが建設され，低層と中層の建物が混在しながら町並みが形成されつつあります。そういった地域において，何故今回の4階建ての共同住宅が，地域共生型でないと断定されるのでしょうか？」

さらに，この事業者は，市の対応について，「(中略)法的には問題のないのだから，建築の規模とか用途に反対することはできない(中略)」[12]とし，まちづくり条例の手続きが近隣住民の理解を妨げる原因になっているとの指摘も加えた。

また，Gの事例では，事業者は近隣住民とのさらなる協議に応じるとしながら，それまでの住民との話し合いの場における市の対応について以下の通り批判している。

「(中略)本事業計画があたかも違法であるようなまた，法律の盲点をついて計画したかのような，かつ住民に不安を煽るものであったと考えております。周辺住民に都市計画・中層住宅建設の意義を説明する事こそ，行政担当者としての使命・立場であったと考えます。また，今回の指導内容も，住民の要望のみそのまま指導書として書かれており，周辺住民への法律・条令の説明説得がなされていません。権限者の条例の独善的解釈により一方的偏った内容で事業主側のみに指導を行う事は，行政の中立・公正を著しく欠いていると言わざるを得ませんし，手続きが長期化し，本開発事業計画の収支に重大な影響が出ています。本件のみ何らかの目に見えないもので特別に扱われていると感じております」[13]。

---

12) 「指導書に対する見解書」(2006年12月15日)を参照。
13) 事業者の見解については，「国分寺市まちづくり条例第48号第1項に基づく指導書に対する見解書」(2008年3月7日)を参照。

2つ目に付加される，具体的な事柄に関する計画修正を促す指導については，採算性に関わる建物の高さなどの規模に関する事柄以外の要望については柔軟に対応する。具体的には，窓と目隠し板の材質や位置，大きさの工夫，緑化の推進，高木の位置の変更，電波障害への対応，接道のあり方の再検討，地盤調査については対応する事例が散見される（H，E，G）。しかし，建物の規模に関する指導に関しては拒否する傾向にある。Eの事例では，外壁の位置と建物の高さについては，「事業規模の縮小につながる変更は受け入れる姿勢はありません」と拒否した。

　Hの事例では，事業者は，指導に対する見解書において，建物の高さを24.83mから24.28mへ計画を修正し，全体で55cmの軽減を実施するとした。しかし，近隣住民が要望する建物の高さは20m以下に抑えることだったため，近隣住民は納得しなかった。

　Gの事例では，16戸から15戸への1戸減，駐車台数の減少，建物の境界線から85cmの後退により，圧迫感を軽減していると主張した。また，近隣のプライバシーに配慮して，窓の大きさの縮小と材質を変更するとした[14]。

　これら具体的な計画修正を促す指導のあったすべての事例が，建物の高さについては近隣住民の納得が得られず，再考要請制度の手続きへと進むことになった。

　3つ目に付加される，指導内容の具体的な数値を伴う指導についても，2つ目の指導内容と同様に，事業者からは採算性を理由にした消極的な反応が示された。指導の段階で具体的な数値が示されたのは，Gの事例のみであった。Gの事例では，事業者は，市の「崖線区域内でとりわけ崖線上で風致地区にも値する観点から，崖線の景観保全，地下水などを含めた環境との共生，これまでに地域住民によって形成されてきた良好な住宅地としての環境に配慮すべきである」との指導に対しては，「（中略）本件計画地及び近隣居住区

14）「指導書に対する見解書」（2008年5月15日）を参照。

域は，風致地区には指定されておりません。（中略）景観について，仮に本計画地に木造2階建てが建築されたとしても，周りから見ると，いわゆる眺望の景観は失われない，保全されないと思います」と主張し，近隣住民と市が要請する一階分の削減により，景観を保全することの妥当性については否定した。

　本項では，市のまちづくり市民会議の答申に基づく指導とそれに対する事業者の対応について検証した。3つの指導内容のどの組み合わせにおいても例外なく，事業者は，建築物の高さと一戸当たりの規模に由来する居住形態に関連する問題には，既存の建築計画を前提にした建築計画の修正に留めようとしていた。建物の高さについては，まちづくり条例の再考制度の手続きまで未解決の問題として残った。この指導の段階で，事業者が建物の高さを55cm減の計画修正に応じるとしたHと，1戸減の計画修正に応じるとしたGの事例においても，近隣住民が納得できる内容とはなっていない。建物の規模に関わる高さと，居住形態の大幅な修正は，近隣住民の納得が得られるほどには行われなかったのである。計画修正をするかどうかは，事業者に委ねられており，採算性を理由に計画の修正を拒否する傾向にある。事業者が建物の高さに関する指導を拒絶する場合は，法律を盾にしながら，頑なに計画修正を拒否する姿勢を貫き通す姿が見て取れる。

第4節　再考要請制度

　上述の通り，建物の高さについて説明会，公聴会，まちづくり市民会議の答申に基づく国分寺市の指導がなされても，事業者が計画修正に消極的な場合，近隣住民は再考要請制度を活用する。再考要請制度を活用する段階に至った事例D，G，E，F，Hについて見ていきたい。これらの事例では，まちづくり市民会議の有識者が調整役として入るため，事業者がそれまでは応じなかった計画の修正に応じることもあれば，修正には応じず譲歩がまった

く得られない事例もある。

1 合意に至らなかった事例

　Dの事例では，近隣住民と事業者が合意に至らなかったため，近隣住民は再考要請手続きの申請を行った。この手続きに沿った3回の近隣住民と事業者との協議でも，合意には至らなかった。国分寺市は，それまで通り，まちづくり市民会議の答申に基づいて，近隣住民の要望を踏まえることを要請した。また，建物の高さについては，4階から3階へと明確な数値を用いた要請をした。さらに，ワンルーム型集合住宅からファミリー型集合住宅への変更という具体的な建物の用途変更について要請を行った[15]。事業者は，これらの要請を受け入れなかった[16]。

　まちづくり市民会議は，国分寺市へ再度助言を行い，国分寺市は事業者に対して指導を行った。指導内容は，近隣住民と事業者による3回の協議のなかで事業者が提示した，建物の高さを20cm下げることについて実施するよう要請した[17]。事業者は，この要請については了承し，2007年7月9日に市と事業者の間で，まちづくり条例に基づく協定書が結ばれた。しかし，建物の高さ11m84cmの建物から11m64cmへの計画修正は，近隣住民の要望内容とは大きく異なるため，住民には不満が残る結果となった。また，まちづくり市民会議では，市の指導に従っていないとする意見が出されたため，市と事業者が協定書を締結する3日前に，再度要請を行った。近隣住民から強い反発があったことと，市が行った各種指導書や要請について「その内容について理解されなかったところであり，はなはだ遺憾である。ついては，本開発事業の計画内容が，必ずしも近隣環境に配慮した地域共生型の内容でな

---

[15] 「国分寺市まちづくり条例第59条6項に基づく要請書」（2007年5月28日）を参照。
[16] 「要請書に対する回答書」（2007年5月31日）を参照。
[17] 「国分寺市まちづくり条例第59条6項に基づく助言」（2007年6月15日）を参照。

いと考え，近隣住民の理解が得られるよう必要な計画の見直しを図るよう改めて要請する」[18]と述べ，抗議の意思を示している。

　Gの事例では，指導に対する見解書に示された1戸減以上の計画修正はなかった。変更内容は1戸減であるため，建物の高さ4階の計画を3階へ求める近隣住民の要望ほどまでは変更されなかった。

　これらの他に，Hの事例でも見解書で示された建物の高さ55cm減以上の計画修正はなかった。この事例では，建物の高さの緩和基準適用に否定的なまちづくり市民会議の答申に対して，市が事業者に行った指導は事業者の提示した計画を許容する内容であった。このため，まちづくり市民会議の答申と同様に，建物の高さの緩和に反対する近隣住民が，行政訴訟を提訴した[19]。

2　合意に至った事例

　近隣住民と事業者間で合意した事例もある。Eの事例では，開発事業申請の再考要請手続きに基づく協議に入り，合計4回の協議が持たれた。第2回目に，事業者から高さを50cm削減する案が出され，さらなる変更を求められた事業者は，第3回目に，もう1つの選択肢として，最上階の1戸分（約30㎡）を削減する案を提示した。住民側は，この提案を受けて，第4回

---

18)　「D国分寺新築工事について（要請）」(2007年7月6日)を参照。
19)　近隣住民は，事業者が建築工事を着工しないように，地盤の問題によって仮処分申請を行った。仮処分の判決は，出水の問題はないとし，申し立ては却下された。近隣住民は，国分寺市を相手に開発基準適合通知の取り消し訴訟を東京地裁に提訴した。この裁判では，「諮問機関である市民会議の意向を無視し，計画変更なしに本件特例基準の適用を認めることを前提にしたものであり，このような指導をして本件処分することは，裁量権の逸脱又は濫用である」とし，国分寺市が下した建物の高さを緩和する決定を取り消すよう主張した。しかし，この裁判は最高裁まで争われたが，近隣住民の敗訴が確定した。これらの訴訟の経緯については，仮処分判決文「平成22年（ヨ）第612号　工事禁止仮処分命令申立事件」と，東京地裁判決文「平成21年（行ウ）第164号　開発基準適合確認通知指止等請求事件」(11月27日判決言渡)を参照した。

目で合意に至った。

　Fの事例では，再考要請制度の手続きにおいて，近隣住民は，建物からの圧迫感と日影被害の軽減と景観保全の観点から，5階建の一部を3階建と2階建にする変更を要望した[20]。また，近隣住民は，1987年に企業が社宅を建築する際に，企業と近隣住民の協議の結果，3階建と2階建の建物で構成することで高さを軽減する合意があったと主張し，そのときの合意と同等の建物にすべきだと主張した。この主張に対して，事業者は文書のない合意を継承することはできないとした。また，事業者は，建物の高さについては，高さ制限が20mであり6階建の建築が可能であったが，近隣住民への配慮からもともとの計画段階で5階建にしてあるため，それ以上の変更は困難であるとの見解を示した。

　最終的には，再考要請制度におけるまちづくり市民会議の審議過程で，近隣住民と事業者が合意に至ったため，まちづくり市民会議への再考要請の諮問は取り下げられた。なお，この再考要請制度の手続きに際して，まちづくり市民会議では，近隣住民の主張する圧迫感について，企業の社宅のときには北側の建築物から隣地境界線との距離は約5～6mあったが，当該の集合住宅では約1mになっていることから，近隣住民の主張に理解を示す発言が多かった。近隣住民側も建物を隣地から離すことと階数減を要請していたにもかかわらず，再考要請手続きの申請後に合意がなされたのは，事業者が西側との境界線から建物の距離をさらに50cm拡げて1.5mに修正し，1部屋を減らす計画修正に近隣住民側がやむなく同意したためであった[21]。

　以上で，再考要請制度を通じて事業者と近隣居住者が合意できなった事例と，合意した事例とを分析した。建物の高さについては，近隣住民と事業者の間で合意が得られなかった事例では，HとGのようにさらなる変更を拒

---

20) 「再考事業申請再考要請書」（2008年6月11日）を参照。
21) 「2008年第4回まちづくり市民会議議事録」を参照した。

否するか，事業者が計画修正に応じたとしても，Dのように高さ20cmの削減に留まる。このため，近隣住民と国分寺市からの要請との開きは，ほとんど埋まらなかった。そして，その認識の開きが埋められないまま，建築物は実際に建築された。

再考要請制度の手続きを通じた協議により，最終的に近隣住民と事業者の間で合意が成立した事例のなかで，最も大きな計画の修正は，再考要請制度の前段階にあたる市からの指導に応じた事業者と同様，Eの1戸分の軽減である。このように，合意が得られた事例でも，近隣住民が事業者に対して軽減を要望する階数に比べて小幅の計画修正となり，大きな開きが残る結果となった。

本章第3節で述べた，指導内容が具体化する段階にそって見ると，再考要請の内容も指導内容とほぼ変わらず，指導内容が第二段階の内容にとどまる場合は，再考要請の内容も同様であった。

他の事例よりも具体的な数値を伴った第3段階の指導内容に達していたGの事例でも，再考指導要請の手続き以降に譲歩を引き出すことはできなかった。Dの事例のように再考要請の段階の内容に具体的な数値を伴った提案についても，事業者の反応は，近隣住民，まちづくり市民会議，市が考える内容とは開きがあった。

指導の場面と再考要請の場面のどちらにおいても，それらを受け入れるかは事業者に委ねられていた。計画修正に関する具体性の有無は，予め用意された明確な基準や方針に基づくものではなく，近隣住民の意見書などが連名で提出されたことや，近隣住民の具体的な要請の妥当性を勘案した結果によって左右される。しかし，いずれの事例においても，具体的な指導内容が住民の望む結果に直結せず，接近することもなかった。

つまり，計画の修正内容は，合意できなかった事例と合意できた事例の間に大きな相違点はない。近隣住民が合意した理由は，そのまま協議を続けても修正が見込めないと察し，やむなく合意した結果であったのである。

第5節　大規模土地取引行為の届出制度

　前項で検証した開発基本計画の届出は，土地取引後に経るよう条例で定められた手続きである。この手続きの対象となる土地の広さは，500㎡以上である。冒頭で条例について説明した通り，国分寺市のまちづくり条例は，5000㎡以上の土地の場合は，土地の持ち主は土地の持ち主が変更する前に，土地取引行為の届出を義務づけている。大規模土地に関する手続きは，土地取引より以前に遡って義務づけられる。

　この大規模土地取引行為の届出を提出する対象となったのは，3件（事例A，B，C）であった。このうち2つの事例（A，C）において，既存緑地の保全が論点となり，1つの事例で建築物の高さが論点となった。

　既存緑地の保全は，土地利用の変更時に生じるさまざまな論点のなかでも，近隣住民の土地利用に対する意向を踏まえたまちづくり市民会議の答申と国分寺市の指導のなかで取り上げられ，その結果，近隣住民の納得度が向上した項目である。

　現行の法制度の下では，土地を新たに取得した者の意向が，現実の工事着工段階にならないと分からないという不透明さがある。このため，条例によって緑地保全を促す取り組みは，都市景観を保全する上で重要である。特に，更地にして権利主体が移行する場合には，これまでの緑地は一度なかったものとして扱われ，新たな緑地が既存の緑地を継承しないことになる。それまであった緑地がなくなることに対する近隣住民の違和感を，まちづくり条例によって緩和することが可能か否かについては，条例の効果を考える上で重要な点である。

　緑地保全が議論になったその他の2つの事例では，既存樹木の取り扱いについて議論になった。Aの事例は，開発区域6959.9㎡の社員寮のあった土地に，34戸の戸建住宅を建築する計画である。周辺は，小学校，図書館，

公民館などの公共施設があり，畑，戸建住宅などに囲まれ，緑豊かな環境が形成された地域である。この事例では，まちづくり条例に基づく大規模の土地利用を対象とした手続きを活用し，既存樹木の保全を前提にした公園や，緑道づくりを促すための議論がなされ，その答申に基づいた指導によって，答申通りの計画が実現した。

既存樹木が話題となったもう1つにCの事例があった。Cの事例は，6256.08㎡という大規模な農地を，33区画の宅地に分譲する計画である。この開発計画がまちづくり条例の手続きを経る過程で，近隣住民，事業者，まちづくり市民会議の間で，敷地内にある老木のヤマグワの木を残し維持管理するか伐採するかが論点となった。最終的には，事業者が依頼した樹木医の判断により，今後も維持管理するには老木すぎるとの診断に基づき，保全しないことになった。

既存樹木の保全に関しては，Aの事例では保全され，Cの事例では保全されなかった。したがって，まちづくり条例の手続きを経ても，保全されるとは限らない。しかし，既存樹木の行く末を決める過程で，行政内外の樹木の生育状況に関する専門家の知見を判断材料とし，最良と思われる選択肢を公開の場で模索することが可能になった。

1　早期の市民の声と専門知識の反映

緑地保全については，まちづくり条例において大規模土地とみなされる，5000㎡以下で1000㎡以上の土地利用が問題となった。事業者が提出する計画書にさらなる改善の余地がある場合，まちづくり市民会議が答申のなかで緑化率を上げることに触れている。また，緑地保全のなかでも，緑化率の向上といった配置箇所や種類の指定を伴わない数値上の向上に留まらず，具体的な既存樹木の保全について検討している。

既存樹木の保全については，5000㎡以上の大規模な土地で論点となった。既存樹木の保全は，建築基準法では審査事項にならない。まちづくり条例の

手続きがあったため，大規模土地取引の届出に対する助言内容を，市がまちづくり市民会議に諮問した段階から議論の俎上に載った。

ただし，まちづくり条例の手続きの開始当初から強固な根拠に基づいて助言や指導が行われたわけではない。このため，これらの手続きの対象となり，まちづくり市民会議のなかで既存樹木の扱いが議論された2事例の各手続きにおける判断基準を以下に検証したい。

国分寺市まちづくり条例は，近隣に影響が大きい大規模土地取引に関しては，土地取引の6ヶ月前に，土地譲渡者に対して大規模土地取引行為の届出手続きを義務づける。土地取得後の手続きとしては，建築主に対して，土地利用構想の届出および開発基本計画の届出を義務づけている。

Aの事例では，大規模土地取引の届出に対するまちづくり市民会議での議論で，既存の桜の木を残した開発を促すための議論がなされた[22]。答申では，「(中略) 既存樹木（中高木）の保全や活用などを通して，その環境の維持向上を図り，もって住宅地と農地が共存した環境の質の高い「住・農共存エリア」の形成に資する土地利用に留意されるよう申し添えます」と述べられている。また，当該土地が転売される可能性を考慮し，助言内容が新たな譲受人に継承されるよう，別途要請を行った[23]。

その後の大規模土地利用構想の届出の段階では，事業者がまちづくり市民会議に参加し，住民の意向を反映させ，並木を保全する計画を提示した。まちづくり市民会議で議論の対象となったのは，10mを超す既存の桜並木である。公園や緑道の面積は，まちづくり条例に定められた開発区域の面積の6%を上回る8%を確保する計画に変更された。

Cの事例でも，国分寺市は，大規模土地取引の届出に対して，まちづくり

---

22) 平成17年第1回議事録を参照。
23) 「国分寺市まちづくり条例第62条第1項に基づく助言」(2005年6月16日)，「大規模土地取引行為に係る要請について」(2005年6月16日) を参照。

市民会議での議論を踏まえ，まちづくり基本計画に適合的な土地利用，もともと地域に存在していたまちづくり憲章に沿うこと，生活道路ネットワークの形成に配慮すること，公園などの整備，生垣などの宅地内緑化，既存樹木の保全について配慮するよう助言を行った[24]。その後，事業者は，大規模土地取引行為の届出に対する助言に合致した土地利用構想を届け出た。

　土地利用構想の届出後に行われた住民説明会では，敷地内の老木であるヤマグワの木について，近隣住民から残して保全を求める意見と，老木のため管理が危険であるという意見，維持管理の労力が予測されるために伐採を求める意見が出された。このため，事業者は，造園会社の樹木医に診断を依頼した。樹木医の診断によると，「（中略）当ヤマグワの保全，育成には充分な費用を供出しなければならないが，現状よりも修景的に良くなるとは考えられない。また腐朽の進行を防止することは望めない。したがって安全性を考慮するなら保全することより伐採が望ましいと言える」[25]と述べられている。それを受けて事業者は，保全は困難であるとする見解書を市に提出した[26]。

　まちづくり市民会議も，土地利用構想の届出に対しては，これらの経緯を踏まえて，樹木医の診断書に基づいて伐採することを了承した。

　2つの事例から分かるように，既存樹木を保全する計画へ修正するよう促す手続きでは，まず大規模土地取引の届出の段階で，土地所有者に対し，都市計画マスタープランなどの行政計画に基づいて抽象的に緑地が保全されることが望ましいことが伝えられる。緑地保全の重要性を理解した事業者が，大規模土地利用構想の届出の段階で，近隣住民の意向を読み取る機会となる説明会やまちづくり市民会議を通じて，具体的な議論が始まるのである。

24）「国分寺市まちづくり条例第62条第1項に基づく助言」（2007年11月5日）を参照。
25）「樹木現況調査報告書」（2008年1月24日）を参照。
26）「現況樹木の取り扱いについて（見解）」（2008年2月7日）を参照。

2　専門的知見の相対化

　緑地保全が論点となった2つの事例は，土地取得後の土地利用構想をめぐる議論のなかで，国分寺市から事業者に対して行われる助言や指導内容の根拠として，行政内外の専門的知見が参照されている点で共通する。Cの事例では，土地利用構想をめぐる議論の際に参考にされた樹木医や，既存樹木の維持管理に関わる行政内部の専門的知見が参照された。この事例では，老木の存続が困難とする樹木医の意見により，保全対象が近い将来に寿命によって消失する可能性が高いことが明らかになった。このため，専門的知見に沿った結論に対する異論は，近隣住民やまちづくり市民会議の委員からは出なかった。

　その一方で，Aの事例では，既存並木の保全に密接に関わる維持管理の方法が，まちづくり市民会議において専門的知見に沿って決まったわけではない。土地利用構想をめぐる議論の際，国分寺市の緑と水の公園課は，既存の桜の木を残す計画に対して，桜の木は毛虫に対する苦情が多いことや枝の剪定に手間がかかることから，維持管理が困難な残し方をするのは回避すべきだと強調した。この指摘に対しては，複数の委員から，住民と協働して管理する方法を検討し，保全に向けた知恵を出すべきとの指摘がなされた。まちづくり市民会議で議論が重ねられた結果，既存樹木を活かして緑地を保全することが望ましいとする，まちづくり市民会議の意見がまとめられた。なお，国分寺市の助言書では，継続的な管理を可能にする目的で，建築協定，景観協定，緑地協定を結んで維持管理することが助言されている。また，まちづくり市民会議は，植栽や建物の色彩について，景観に配慮するよう求めた[27]。

　このように，まちづくり市民会議は，緑地保全をめぐって専門的知見を参照する一方で，市民の意向を実現する観点からの議論がなされる機会となっていた。必ずしも納得度が向上したわけではないが，慣れ親しんだ場所を突

---

[27]　「大規模開発事業の土地利用構想に関する助言書」（2006年3月31日）を参照。

然奪われる喪失感を軽減する手続きとなっていることが分かった。また，その際に，専門的知見は，相対化されながら参照され，結論が導かれていたのである。

既存樹木の他に，国分寺市は，土地譲渡者による大規模土地取引の届出に対して，まちづくり市民会議の議論を踏まえ，生活道路ネットワークの形成や公園などの整備，生垣の宅地内緑化についても助言した。事業者は，これらの助言に応じた土地利用構想を届け出ている。そのため土地購入前に望ましい土地利用のあり方についての理解を事業者に促し，土地取得後に具体的なあり方について検討する手続きを通じて，緑化率の向上や既存樹木の保全，その他の住環境の保全について事業者が応じる可能性は十分にあると考えられる。

3　地区計画の変更

国分寺市まちづくり条例の大規模土地取引行為に関する手続きの対象になった土地利用のうち，Bの事例では，建物の高さが大幅に修正された。主に建物の高さを低減するために，土地取引の意向が確認されてから地区計画の変更が行われて新地区計画が有効になった後も，特例を設けて，原則より5m高い25mを認めるかどうかが議論となった。

郵政公社が2005年11月9日に提出した大規模土地取引行為の届出の提出によって，同社が官舎を建てるために所有していた約1万4000㎡の土地を売却することが判明した。この届出は，まちづくり条例の規定に沿って，翌年の入札が行われる約3ヶ月半前に行われた。市は，この届出日から1ヶ月後の12月9日に，まちづくり市民会議を開催し，翌年2006年1月27日に，まちづくり市民会議は市に対して地区計画の変更について建議した。

まちづくり市民会議が建議した内容は，地区計画の規制内容のうち，建物の高さを45mから20mに変更することであった。市とまちづくり市民会議

が建物の高さに着目した理由には3つある[28]。まず，東山道武蔵路という歴史的遺構があるため，景観や環境の保全が重要であるが，周辺地域には45m以内の建物がある地区と20m以内の建物がある地区があり，建物の高さが低い地域として保全することが望ましいことである。2つ目は，1997年に告示された地区計画の前提となる事業が，売却に伴って変更されることである。3つ目は，まちづくり条例のなかで，全市を対象にして定められた高さ基準に準拠することが重要であることである。当該土地の周辺の国分寺崖線地区外の高さの基準は，用途地域にかかわらず20mであり，特例として25mが認められる。

　市は郵政公社に対して，大規模土地取引行為の届出に対する助言書によって，土地取得者との契約書に市が進めるまちづくりの理念が踏まえられる必要があると明記するよう依頼した。この結果，郵政公社は，当該土地の地区計画の変更の見込みがあることを，入札者に対して伝えることが可能となった[29]。2月27日，競争入札の結果，(株)リクルートコスモスなど6社が共同で，全国に郵政公社が所有していた186件の土地を212億円で取得した。

　市は，リクルートコスモスが2月27日に土地を郵政公社から落札し，3月20日に正式な契約をするまでの1ヶ月弱の間に，市が郵政公社に対して行った助言内容を尊重するようリクルートコスモスに対して要請した[30]。そして，4月になってから地区計画案が交付される。公告・縦覧（4月28日）を経て，地区計画案は市議会での議決に至った。その後，地区計画は，6月

---

[28] まちづくり市民会議が市に提出した建議内容は，「泉町地区地区計画の見直しについて（建議）」を参照。

[29] 以後の記述のうち，入札前後に関する市と郵政公社およびBのやりとりについては，「2005年度第9回国分寺まちづくり市民会議　議事録」（2005年1月27日）〜「2005年度第11回まちづくり市民会議議事録」を参照した。

[30] 市からBへの要請内容については，「泉町地区地区計画区域内の大規模土地利用のあり方について（要請）」（2006年3月10日）を参照。

7日の地区計画条例の施行により有効になった。

　リクルートコスモスは，いったん5月12日にまちづくり条例に基づく土地利用構想を届け出た。この構想は，まちづくり市民会議の建議に基づいて市が進める25mの高さ制限のかかる新地区計画ではなく，45mの高さ制限のかかる旧地区計画に基づく内容であった。しかし，地区計画が条例化された直後の6月23日に，この構想は取り下げられた。同社は，8月31日に，新地区計画の特例を適用した，建物の高さが25mの土地利用構想を提出した。その後，公園のあり方，地盤面が周辺より高い分を削るか否かが，市，市民，コスモイニシアの間で議論となった。まちづくり市民会議は，条例にはない事業者と市民による建築計画に関するワークショップの開催を提案し，市民の意見を反映する機会を付加した。

　最終的な市の判断としては，当該土地の新地区計画によって，東側のセットバックと中庭を公開空地として市民にも開放された公園にしたことを受け，原則20mの建物の高さ規制のところ，25mの建物の高さの特例を適用する計画を認めることになった。あくまで，建物の高さを20m以下にするという市民の要求は受け入れられなかったが，事業者との協議の過程で，大幅の譲歩を引き出すことに成功した。

4　地区計画変更を促進した要素

　建物の高さについては，市民の不満がやや残る結果とはなったが，新地区計画によって45mを25mにするという大きな計画の変更がなされたのは，まちづくり条例の届出制度を活用した効果である。届出制度によって，土地取引を通じて土地利用の変更がなされる以前から地区計画を策定し始め，建築確認手続きより以前に有効にすることが可能となった。ただし，この届出制度の存在によって，自動的に地区計画の変更などの大きな修正が可能になったわけではない。この届出制度によって生じた地区計画の変更は，まちづくり市民会議が何らかの対策を求める議論を受けた，行政側からの提案であ

った。当時の都市計画課課長を中心とする行政側からのまちづくり市民会議への提案により，条例に定められた助言に留まらず，地区計画を間に合わせるという強固な制度の適用を推し進めたのである[31]。その結果，まちづくり市民会議から地区計画を審議対象とする都市計画審議会に建議することで，地区計画の変更への道が切り開かれたのである。

　また，市民会議は，ワークショップを通じて事業者と市民の意見をすり合わせる機会を設けた。これらの土地利用の届出制度，市民からの意見書，説明会，ワークショップを通じた協議の機会が確保されるまでには，事業者が市と市民と書面を通じて向き合うことを定めた条例と，市民の意向を汲み取り細かな点に至る調整を行うまちづくり市民会議の姿勢が，大きく作用している[32]。建物の高さについて，当初より低減することを求めていた市民の声を伝えることが，周辺の建物の高さを調和させようと試みる市の取り組みを後押ししたのである。事業者が，仮に当初の 45m の建物の高さのままの建築計画を推し進めようとした場合，条例違反を承知で進めることも考えられた。しかし，市，まちづくり市民会議，市民の取り組みによって，早期に新地区計画を策定することができたため，その可能性を未然に防ぐことができた。また，事業者に，市および市民とじっくり協議する経営上の体力があったことも大きく作用したといえる。

---

31) 地区計画策定過程については，大規模土地取引行為の届出に基づいて建議内容が議論されたまちづくり市民会議の議事録を参照した。なお，現在の都市計画課と市民まちづくり委員への筆者が実施した聞き取り調査において，地区計画の変更を建議することをまちづくり市民会議に提案したのには，都市計画課課長の働きが大きいとの証言を得た。

32) 筆者が実施した現在の都市計画課とまちづくり市民会議の市民委員への聞き取り調査で，ワークショップの開催が実現したのはまちづくり市民会議会長の発案が大きかったとの証言を得た。

小　括

　まちづくり市民会議は，事業者による説明会報告書，意見書，公聴会のなかで出された意見を参考にしながら，公開の場で開発事業について審議した上で，答申を作成した。その際，まちづくり市民会議における議論は，近隣住民からの意見を最大限汲み取ろうと試みられていた。実際，まちづくり市民会議の答申は，紛争のなかで特に問題となるマンションなどの建物の高さについて，妥当と判断される階数を数値で明らかにしながら提案し，市から指導する場合もあった。これらの指導は，あくまで行政指導の範疇を出ないため，階数を減らすまでにはなかなかいかなかったが，戸数を削減するなどの修正は，事業者の任意の協力で可能となった。再考要請制度を活用した事例では，修正がなされないか，微修正に留まった。近隣住民の要請と事業者の修正案が乖離したままの場合，合意のあるなしにかかわらず，近隣住民の満足度は低くなった。

　唯一の大幅な計画修正は，大規模土地取引の届出制度に基づき，市とまちづくり市民会議が，土地取引以前から既存の地区計画を変更する方針を打ち出し，土地取引直後に強制力を持つ規制として成立させることによって可能となった。その結果，開発事業計画は，根本的に変更されることになった。その他にも，大規模土地取引の届出に基づく協議手続きは，土地利用のあり方について議論する十分な時間を確保することを可能とし，緑化のあり方や既存の樹木の取り扱いについて，専門家の知識を判断材料として活用する機会も確保していた。

　土地取引行為の届出制度の対象ではない「一般開発事業」の事例のなかには，地区計画の策定を具体的に市から働きかけたものもある。国分寺市は，まちづくり市民会議の答申を受けて，住民による地区計画の策定を促すために，市長から近隣住民によって組織された会宛に，以下の助言を行っている。

この助言書は，事業者に対する指導書と同日に送られた。

「本地域の現況については，用途地域及び都市計画マスタープランが予定する土地利用と現況の土地利用との間に一部不整合が認められ，将来においても本件と同様の問題が発生することが予測されますので，（中略）近隣住民の皆様におかれましては，市と連携の上，地区計画の提案手続き等，本地域特性を踏まえたルールづくりを検討されることを助言します」[33]。

まちづくりセンターも，地区計画策定に向けて専門的な助言をするなどの支援を約束し，一部住民からは，事業者との協議と同時に地区計画の策定を進め，販売時に既存不適格になることを前提にしたさらなる譲歩を引き出すべきとの意見もあった[34]。しかし最終的には，所有地に制約がかかることに対する住民の抵抗感から，地区計画は実現しなかった。住民は，未来の地区で起きる紛争の予防策を考えたとき，平時に地区計画を考えるのと同様の負担感を感じたのである。しかし，このような取り組みは都市景観の保全に向けた〈日常的な契機〉にならない無駄なことだと考えるのは早計である。なぜなら，近隣住民は，問題となった建築計画に対する修正を事業者が受け入れないため，彼らが住む既存の住宅街に対する規制を拒んだのである。つまり，将来の違和感のある建築計画を未然に防ぐという目的は，地域社会の住環境の保全に向けた取り組みを継続させる誘因としては不十分であったということである。仮に，自らへの規制が，その時起きていた建築計画を修正する力を持っていたならば，住民の対応も変わった可能性は依然として残されている。したがって，協議手続きから地区計画の策定につながらなかったこの出来事を，協議手続きに基づいた地区計画策定の困難さを示す教訓とせず

---

[33] 「まちづくりに関するルールづくりについて（お願い）」（2008年1月21日）を参照。当該地域については，都市計画マスタープランにおいて，「中高層住宅や，農地・樹林地・水路などの自然，企業が適正な配置となるよう誘導します」と記されている。

[34] 「東恋ヶ窪のまちづくりを考える会全体報告会報告」（2008年8月12日）を参照。

に，土地取引行為の届出手続きと結びつけて考えることが重要である。個別の事業計画を前提とした，より早期における地区計画の策定の可能性を，追究することが望ましい。

この他にも，まちづくり条例の協議手続きを介した議論から，地区指定による保全が望ましいとの結論が，まちづくり市民会議からの答申や，再考要請制度に伴う提案の中に記された事例はある。具体的には事例Gでは，景観保全上重要な地域であるため，風致地区に指定することが望ましいとある。事例Hでは，将来の環境を見据えた地区のルールづくりを検討するのが望ましいとある。ただし実際のところ，こうした地区指定を促進する提案は，その後放置されたままであり，市民および市の新たな保全策に反映するための取り組みにはつながっていない[35]。しかし，これらの議論結果は，都市景観保全の〈日常的な契機〉を生起させる貴重な知見である。まちづくり条例の協議手続きでの議論の結果が，都市景観の保全策に結びつくようにすることは，まちづくり条例を運用する行政の新たな課題として明確に認識されなければならないのである。

諸問機関で専門家が発揮する主体性が，市民の満足のいくものにならないことと，協議手続きを契機にした地区まちづくり計画もしくはその他の地区計画のような，より強力な地区指定型の保全策に結びつかない要因は，〈修正する機会〉の設定時期に起因していると思われる。そして，事業計画を修正するために必要な専門的知見は，事業計画が修正可能な時期に活用されることが何よりもまず重要となる。専門家，事業者，市民の都市景観の保全に向けた主体性が発揮できる機会が設定される必要があるのである。

---

[35] 国分寺市都市計画課の担当者の証言（2012年12月）より。

第6章
専門家主導による協議手続き
狛江市まちづくり条例の事例より

本章では，専門家，近隣住民，事業者，市が共に協議する手続きの効果について検討する。専門家が主導して市民と事業者間の協議を促進する先駆的な条例を運用する狛江市の事例を参照する。

第1節　狛江市のまちづくり条例の構成

　狛江市は，2003年にまちづくり条例を施行した。その前文には，市には多摩川の自然と歴史遺産があり，東京の発展とともに発展してきた都市住宅地であると位置づけられている。その上で，自然環境や農地の減少への懸念が示されており，「私たちは，土地は私有財産であっても，その利用に当たっては高い公共性が優先されるとの基本認識に立ち，良好な環境を形成するよう努めなければなりません」と記されている。このように，前文は，自由な財産権の行使だけでは「安心して住み続けられるやすらぎのある住環境」を実現することができないという問題意識を明確に示している。

　まちづくり条例に関連する施策として，基本構想，基本計画，都市計画マスタープラン，環境基本計画，住宅マスタープラン，福祉基本計画などの行政計画，地区まちづくり計画，まちづくり指導基準[1]が挙げられている。まちづくり条例には，これらの理念を具体的にする手続きが定められている。具体的には，まちづくり委員会，地区のまちづくり，テーマ型のまちづくり，開発協議について定められている（6条）。地区まちづくりは，地区住民の相当数の同意に達したと認められる場合は協議会を立ち上げることができ，該当する地区の住民が，地区内の土地利用のあり方について検討し，市長に提

---

1)　指導基準には，1区画100㎡最低敷地面積，大規模事業における6％の緑化など，細かな基準を具体的に定めている。

案することができる（14～16条）。テーマ型のまちづくりは，市民が協議会を立ち上げて緑，道路，景観などの分野に関する調査や実践をし，市長に提案し施策に結びつけることを最終目的とする（22～24条）。

　本章が分析する対象の協議手続きの対象は，500㎡以上の土地の開発行為，15戸以上の建築物，建築物の高さ10m，4階建以上，総床面積が300㎡以上の建築物である（25条）。開発を行う事業者は，事業概要を明記した開発事業届出書を出さなければならない（26条）。また近隣住民に事業を周知するために，届出から7日以内に標識版を設置し，説明会を開催しなければならない（27条）。また，事業者は説明会を開催し，その説明会報告書を含む事業計画書を市長に提出し，近隣住民との合意について市長と協議しなければならない（29条）。近隣住民などは，市長宛に意見書を提出することができる。市長は，意見書が出された事業については，事業者と事前協議報告書を公開する（31条）。事業者と市長は，合意事項について協定を結ぶ（34条）。この協定を締結後でなければ，工事に着手してはならない（35条）。開発着手届と完了届によってその後の合意事項の履行状況を管理する。

　近隣住民と事業者は，開発事業届出書が提出されてから協定が結ばれるまでの間に，市に対して調整会の開催を請求することができる（41条）。この請求を受けた市は，まちづくり委員会に同委員会から3名以上の委員を選出し，調整会を開催するよう要請する（41，42条）。調整会は，近隣住民，事業者，市長からの情報提供を求めることができ，またそれぞれに対して，助言，斡旋，勧告を行うことができる（42条）。調整会は，調整会終了後に，意見，勧告，その他について記載した調整会報告書を市長に提出しなければならない（43条）。なお，小規模開発事業についても，市長が周辺の県境への影響が大きいと判断した場合は，事業者は，大規模事業と同様の説明会からの手続きを行わなければならない（47条）。

　事業者が，協定を締結する前に工事着工した場合は，改善するよう勧告することができる（52条）。この勧告に従わない場合は，事業者名と違反内容

などの事実を公表することができる（53条）。開発事業届出書を出さない事業者に対しては，勧告ではなく改善を命令することができる（54条）。この命令に従わずに事業を継続した事業者に対しては，6ヵ月以下の懲役又は50万円以下の罰金に処される（55条）。

第2節　各事例の論点

　まちづくり条例が施行された2003年から2012年までの間に，調整会の報告書が提出された10事例のうち，8事例で論点となった項目の修正結果について検証する。残る2事例は，調整会の申請がなされたものの，深い議論にならなかった事例である。これら2つ事例のうち，1つ目は，事例Eに関連して，事業者が変更され同じ建築物を建築することになり，調整会の報告書が最初の事例Eのときに策定された報告内容に準じるとなっているため，連続した1つの事例として扱う。また，2つ目は，1回の調整会で近隣住民による事業への理解が深まったため調整の必要がなくなった事例である。調整会で論点になる項目は，どれも説明会を通じた当事者間の協議では合意に至らなかった。では，分析対象の8事例の概要について見ていきたい。

1　各事例における建築計画の修正点

　事例Aでは，近隣住民が，約30mの9階建および地下1階建（60戸）の集合住宅の建築計画について，圧迫感と景観保全の観点から建築物の階数を9階建から6階建に変更するよう主張した。その結果，最終的な建築物の高さを6m削減した7階建に変更された。また，風害，道路，駐車場についても議論となった。これらのうち，事業者は，風害について調査を行った。また，交通安全の観点から一部の入り口を閉鎖することになった。さらに，駐車しようとする車の行列ができないよう駐車場も敷地外に確保する計画に修正された。建築物は，必ずしも近隣住民の要請に沿うまでには至っていない

が，階数の削減とその他の論点についても修正が加えられた事例である。

事例Bでは，建築物の高さ約15mの5階建（22戸）の集合住宅の建築計画に対して，圧迫感を抑制するために，建築物の高さと境界線から建築物の外壁との距離を修正するよう要請した。建築物の高さについては，採算性を理由に計画の修正はなされなかった。その他に，目隠し，落下物防止対策を行うよう要請した。これら2つについては，事業者が修正に応じた。

事例Cでは，3階建の集合住宅をめぐって問題となった。事業者のシミュレーションによると，もともと確保されていた5時間の日照時間が3時間減ることになっていた。近隣住民は，この日照阻害を2時間まで軽減するために，建築物の3階部分の一区画分を削減することを求めた。事業者は，バルコニーの庇の全部を撤去する案と，一部を撤去する案を示し，採算性を考慮しながらも，できる限りの設計変更に応じるとした。その他に，調整会では，委員会から事業者に対して，景観への配慮から敷地内の植樹についても求められた。

事例Dでは，高さ約9mの3階建（15戸）の集合住宅の建築計画について，敷地境界線から5mの等時間日影を3時間にすることで，近隣住民の不満は残るものの合意に至った。

事例Eでは，高さ22mの7階建集合住宅の建築計画について，近隣住民は，建築物の高さに由来する近隣農地への日照阻害と，近隣住民への圧迫感を低減するために，建築計画を5階建に修正するよう事業者に対して求めた。また，交通安全の観点から，駐車場の位置と道路標識のあり方が議論になった。しかし，まちづくり委員会は，高さは25mまで建築可能な高度地区であり，建築基準法の日影規制の基準内であるため，建築計画は近隣住民の受忍限度内に収まっていると判断した。事業者は，まちづくり委員会が代替案として提案した6〜7階の外壁の色の変更には応じた。この事例では，近隣住民が，高さ制限10mを課す地区まちづくり計画を策定する予定であるとし，その規制内容に適合する計画への修正を訴えた。調整会報告書では，

地区まちづくり計画が実現した場合には，事業者は配慮した計画にしなければならないとする一方で，実現しない場合は，建築計画受忍限度内と判断した。地区まちづくり計画は実現しなかったため，受忍限度内とする見解がまちづくり委員会の最終判断となり，計画の修正はされなかった。

事例 F では，約 10m の 2 階建の幼稚園の新築について，近隣住民から日照阻害と道路のあり方について議論となり，道路については計画が修正されたが，建築物による日照阻害は軽減しなかった。

事例 G では，宅地分譲住宅の計画について，近隣住民から通風と元々の生産緑地として残されていた緑の減少を懸念し，垣根による緑化を求めた。調整会では，隣地境界線上の垣根は認められず，フェンスの形状について調整することになり，道路沿いは生垣にするよう見解が出された。また，都市景観保全の観点から意匠に配慮することと，目隠しについては近隣住民の納得がいくように協議することが盛り込まれた。

事例 H では，約 50m の 15 階建（600 戸）の集合住宅の建築計画を巡り，近隣住民から，前土地所有者であった企業による土壌汚染状況と汚染除去方法が，建築計画に関する議論以前の論点となった。近隣住民からは，272 通の意見書が提出され，11 回の調整会が開催された。協議当初から近隣住民の懸案となった土壌汚染については，前土地所有者による調査に加え，事業者による調査，近隣住民が要請した大学教授と近隣住民を交えた調査が実施された。近隣住民に不安は残ったものの，まちづくり委員会は，その結果を反映した土壌の入れ替えにより，除染されたと判断した。また，調査と土壌の除去が進んだ後に，建築計画自体の議論においては，東側に隣接する集合住宅の住民および西側戸建住民の日照阻害と圧迫感が大きな論点になった。建築物の高さについては，近隣住民が約 50m の建築計画ではなく 30m にするのが妥当と主張したが，事業者は上層階の戸数の削減によって応じた。修正と建物の位置については，東西のどちらか一方に寄せることは困難ななかでの計画修正となった。また，プライバシー保護のための目隠しと，既存の

ヒマラヤ杉などの高木の位置や新たに敷地内に設置する公園のあり方も議論になった。事業者は，近隣住民の日照阻害を軽減するために戸数を削減する計画の修正を行った。しかし，修正した建築計画は，合意には至らなかったため，まちづくり委員会は，11回の調整会の開催をもって調整会を打ち切った。近隣住民は，まちづくり委員会が，事前に低層住宅が隣接する地区であることを理由に，当該地の開発時に問題が発生する可能性が高いと懸念を示していたにもかかわらず，市が高度地区による高さ制限の導入を含む適切な都市計画の変更を行わなかったとして，同地区への絶対高さ制限を求めて行政訴訟を提訴した[2]。

2 調整会での論点

調整会は，1〜11回開催された。11回開催した末に訴訟に発展した事例Hと，調整会において深く協議されずに1回で終結した2つの事例を除くと，2〜5回開催された。調整会では，まちづくり委員会の委員長が議事進行を行い，近隣住民，事業者，市を交えて開発事業の妥当性について協議する。その協議結果は，調整会報告書として市に提出される。

調整会での論点は，建物の高さ，敷地境界線からの距離，日照阻害，圧迫感，建物の意匠，緑化，プライバシー保護の観点からの目隠し，風害，落下物防止対策，交通量の変化，車両出入り口，住環境の悪化についてである。これらの多様な論点は，建築物が計画通り完成した後にもたらされる住環境の変化に対する近隣住民の不安から発せられている。特に，建築物の高さに関しては，分譲宅地計画以外で調整会を開催した建築計画の論点となった。そしてそのほとんどすべての事例で，集合住宅の高さが近隣住民に問題視された。

建築物の高さが論点となるのは，その規模が，日照阻害の原因となりやす

---

[2] 朝日新聞記事（2012年3月16日）を参照。

いためである。そのため，建築物の高さの他に，隣地との境界線から建築物までの距離が併せて協議の対象となることもあった（A，B，E）。なお，土地との境界線と建築物の距離に関しては，近隣住民が圧迫感を問題視することもあった。目隠しについても，事業者は応じる傾向にある（B，G，H）。交通関係は，事業者と市との協議も交えながら解決策を模索することになる。

事業者は，建築物の高さについてはなかなか応じない傾向にあり，修正に応じた件数は，建築物の高さが論点となった7件中1件であり，きわめて少数である。建築物の高さの修正に応じた事例Aでは，9階建の建築計画が，調整会を経た結果7階建へと修正が加えられた。また，階数削減ではなく，他の方法によって日照の被害を軽減する事例もあった。事例Hでは，階数削減の代わりに，上層階の戸数を減らすことにより，日照阻害を軽減する修正がなされた。事例Cでは，建築物の高さを削減する代わりに，庇を修正することになった。その他の事例では，採算性を理由にして修正は事業者から拒否された（表4）。

第3節　調整会におけるまちづくり委員会の役割

1　建築計画の説明責任の拡大

まちづくり委員会は，事業者に対しては，可能な限り近隣住民の不安を払拭するために，法制度で定められている書類で説明可能な範囲以上に，近隣住民が納得のいく説明を尽くすという社会的責任を果たすよう促す。具体的には，追加の設計図かCGもしくは模型による説明を求める。特に，建築物の高さと隣地境界線と建築物の外壁との距離が近隣住民から問題視されている場合，まちづくり委員会は，追加資料を求める。また，土壌汚染調査やシミュレーションの結果を迅速に公開するよう要請する。この要請については，事業者が任意で応じる傾向にある。また，説明資料に関連づけて，複数の案を検討する場合がある（事例C，F）。

表4 調整会対象事例

事例	用途地域	建物の高さ	日照阻害	隣地境界線と建物の距離	建物の意匠	緑化	目隠し	風害	落下物防止対策	道路	駐車場	土壌汚染	住環境	近隣住民との十分な協議の推進	地区指定計画型の計画の推奨
A	集合住宅（60戸） 9階建・地下1階建、高さ30.2m 開発区域面積：4304.7㎡ 第一種低層住居専用地域、 建蔽率50%、70%、90%・ 容積率80%、200% 第一種、第二種高度地区	▲ 9階建→7階建（住民は当初6階を主張）		×						○ 一部の入り口を閉鎖へ。	○ 敷地外に確保				
B	集合住宅（22戸） 5階建、高さ14.85m 開発区域面積：674.38㎡ 第一種住居地域 建蔽率60% 容積率200% 第二種高度地区	×		○ 西側隣地境界線から建物の外壁までの距離を1m以上とすること。			○	○						○	
C	集合住宅（15戸） 3階建、高さ9.202m 開発区域面積：391.70㎡ 第一種中高層地域 建蔽率60% 容積率200% 第2種高度地区	▲ 建物の高さの修正はされず、庇を修正することになった。	▲ 事業者のシミュレーションでは、建物がない状態で、5時間から3時間削られるという結果であった。			○									
D	集合住宅（15戸） 3階建、高さ9.326m 開発区域面積：976.68㎡ 第一種中高層地域 建蔽率60% 容積率200% 第二種高度地区	▲	敷地境界線から5mの範囲の等時間日影を3時間にする。												○ 地区住民と地権者にまもづくり地区計画の策定を推奨する。

	概要					
E	集合住宅 (34戸) 地上7階, 地下1階, 高さ21.8m 開発区域面積: 1290.07m² 第一種住居地域 建蔽率60% 容積率200% 第二種高度地区	× 高度地区の制限内のため, 受忍限度内。		○ 階数制限の代わりに, 圧迫感を軽減するために6階と7階の外壁の色を変更する (事業者提案)	×	▲交通安全対策 駐車場位置の変更については, 敵わなかったが, 市による安全対策として, 道路標識とカーブミラーの移設により対応されることになった。		○ 地区住民と地権者にまちづくり地区計画の策定を推奨する。
F	幼稚園施設 (1戸) 2階建, 高さ9.95m 開発区域面積: 3843.18m² 第一種中高層住居専用地域 建蔽率50, 60% 容積率80, 200% 第一種高度地区	× 受忍限度内と判断。	× 受忍限度内と判断。			○		
G	分譲宅地 (26区画: 1区画100〜110m²) 開発区域面積: 2966.74m² 第一種低層住居専用地域 建蔽率40% 容積率80% 第一種高度地区				○ 景観への配慮のため	○		
H	集合住宅 (600戸) 15階建, 高さ46.95m 開発区域面積: 20344.04m² 近隣商業地域 建蔽率60, 80% 容積率200, 300% 第二, 第三種高度地区	▲調整会報告書には, 高さについて書いていなかったが, 議事録には高さについても話題になっていた。	▲上部の戸数の削減により, 午後2時まで日照を確保する計画になった。				× 専門家の調査の結果, 歩道部分の緑化と, 空地の現状化と, 公園の提供をしており, 土壌汚染問題なし。住環境への影響は受忍限度内。	

○: 事業者が計画に反映することを認めた項目
▲: 住民の主張と事業者の対応に大きな幅があった項目
×: 論点になったが修正されなかった項目

2　妥結に向けた議論の場の確立

　まちづくり委員会は，調整会において，近隣住民の不安を払拭するために，住民と事業者の両者の主張を咀嚼して伝える役割を担っている。具体的には，委員長は，事業者が建築計画は合法だと強調すると，法で定められた基準内であるからといって妥当であるとは限らず，近隣住民への配慮が必要だと指摘する。調整会の協議では，法定内であっても計画修正してもらうと述べる。その一方で，近隣住民に対しては，事業者に代わって，計画の合法性について説明する場面もある。また，近隣住民の主張について，建築計画や事業者もしくは行政に対する不安や不満，そしてそれら当事者を糾弾する発言の場合は，具体的な要求として述べるよう促す。このようにして調整会が，近隣住民と事業者の両者に対して，主張の論拠を明示するよう促す理由は，協議によって建築計画の妥結に向けた取り組み姿勢を引き出すためである。

3　大幅な計画修正に向けた交渉

　これらの制約を課しながらの交渉であるが，なかには抜本的な計画の修正について提案する場合もある。事例Bでは，まちづくり委員会が，15階建の集合住宅の建築計画が近隣住民の建築物の高さへの懸念と建築物からの圧迫感につながっているため，委員長が近隣住民の意を酌んで，集合住宅を分譲宅地計画へと根本的に計画変更することが可能であるかどうかを事業者に対して問いかける場面がある[3]。

　　「この計画はいろんな意味で余裕がないのは事実。一つには都市計画道路の予定線が入っており，その敷地を空けて，残りの敷地で容積率を使って建築しようとしていることが原因の一つ。このとき，2階建ての

---

[3]　事例B第1回調整会議事録の5頁を参照。

建物をもう50cm削った場合に容積が減り利益がどのくらい減るのか等，検討すること自体が事業計画のコストアップにつながることにもなるのだろう。またそれを吸収できるほどの規模ではない。業者側としても苦しい立場だろうし，そういった建物がそばに建つ近隣の住民にとっても迷惑な話だということは理解できる。そういう状況のなかでの調整をどうつけるかがこの場の課題である。いまから抜本的にマンションをやめて戸建ての分譲地にするようなことはありえないか」。

しかし，まちづくり委員会は調整会を交渉する場として捉えているため，事業者が，抜本的な計画変更について明確に拒否すると，そのことは論点にはならなかった。また，調整会報告書では，建築物の高さと階数は妥当な範囲内であると明記されている。このような調整会でのまちづくり委員会と事業者とのやりとり，すなわち，いったんは大幅な計画修正を打診しながら，調整会報告書では建築計画が妥当であると判断する展開は，他の事例でも見られる。調整会は，合意に至らなかった事柄についても，まちづくり委員会として，それらの妥当性について判断している。したがって，調整会の協議において，まちづくり委員会は，交渉する役割と裁定する役割を担っているのである。では，まちづくり委員会の判断基準は，何に依拠するのであろうか。

4　交渉から裁定の局面への移行

まちづくり委員会は，調整会での協議では，建築計画が建築基準法と都市計画法で建築可能であるというだけでは，計画に反発する近隣住民の意向を踏まえて是認しない。しかし，事業者がより厳しい高さ制限や日照の基準に対応した建築計画へ修正し，さらなる計画修正が困難であると明確にした場合は，近隣住民が重ねて計画修正を迫ったとしても，事業者に代わってさらなる計画修正は困難であるとの判断を示す。事業者と近隣住民の主張の溝が

埋まらずに 11 回の調整会が開催された事例 H での委員長発言に，それが表れている。

> 「(中略) どう考えても事業者としては呑めないと思うし，我々として強くそれを勧告したところで，おそらく交渉決裂となり，事業者はここでの調整の結果を超えて，もっと規模の大きいものを造ることになりかねないと思う。そこまでの過剰な要求はされるべきではないと思う。そのことが，先ほど申したように近隣住民に特別な事情があって，居住環境上の被害があるということであれば，そのようなことで調整しているのだから，あまり過剰な要求をされても難しい。基本的には，法規をクリアしている事業計画である。しかも，この調整あるいは我々の狛江市まちづくり条例というのは，最終的に罰則を伴った強制力の強い条例ではないから，あまり感情的になって，いろいろとおっしゃりたいことはわかるが，一方的におっしゃったところで，その要求は実現しないことがたくさんあるということはご理解いただきたいと思う」[4]。

この発言は，事業者が建築可能な容積率 300% のところを，230% の建築計画へ修正したものの，近隣住民がさらなる計画の変更を求めた場面での発言である。このように調整会のなかでまちづくり委員は，時に建築計画を事業者に代わって説明する以上の判断を，近隣住民に対して示している。

法律と条例の独自基準に適合している建築計画については，さらなる計画修正はあくまで任意の計画修正であるため，強制の伴わない交渉事であると認識されている。そのため，まちづくり委員会は，調整会での協議が強制の伴わない交渉事であるとの認識に基づき，事業者の柔軟な対応が望めなくなることを常に懸念しながら，妥結に向けた調整に取り組んでいる。しかし，

---

4) 事例 H 第 8 回調整会議事録の 29 頁を参照。

まちづくり委員会の調整会が，事業者側に立っており，近隣住民の意向を反映した建築計画を修正する機会になっていないという近隣住民からの反発を受けることもある。上記と同じ事例Hでは，近隣住民が「法律だけを判断基準とするならば，調整会は不要となってしまうのではないか」と委員長に投げかけている。この調整会のあり方についての問いかけに対して，委員長は以下の通り答えている。やや長文の引用となるが，まちづくり委員会による調整会に関する考え方が，如実に表れている。

「そんなことはない。我々の判断の基準は，建築基準法，都市計画法の基準だけではない。たとえば，この計画がいろいろな環境上の被害や日照上の被害があるということになって，裁判所に話を持って行った時に100％勝てるかわからないにしろ，十分な勝因として成立して場合によっては勝訴できるかもしれないというレベルのものについて調整を図っているわけである。裁判所に話を持って行っても，絶対に勝訴できないというような話については，この調整会で要求してもあまり意味がないと思う。つまり，狛江市まちづくり条例は，今の段階では強制力の非常に弱い調整の協議であり，お願い型の条例である。だから，今我々が事業者にお願いしていることは，あくまで任意の協力に基づくお願いなのである。それでも，裁判を行えば勝訴できることがあるかもしれないということがあれば，事業者もできるだけ応じてくれると思うが，あまり過大な要求をすると，これ以上協議は続けられないと言われることになり，協議は打ち切りとせざるを得ないということが日本の法構造である。まちづくり条例については，今後更に議会を通じて強化すべきだろうと思うが，それはまだ成立していないので，現段階ではあまり強い要求はできない。そのことも含め，建築計画に関する見解を表明したわけ

である」[5]。

　この委員長の発言は，近隣住民の主張の妥当性を判断する際，建築計画そのものの合法性にも配慮し，訴訟に発展した場合の司法による判断をも考慮していることが分かる。まちづくり委員会は，調整会を交渉の場として成立させる一方で，事業者が近隣住民の計画修正の要請に対して明確に拒否した場合は，妥結内容に強制力はないとの認識に基づいて，最終的には法律と条例の基準と，想定される司法判断とを，建築計画の妥当性を判断する基準としている。まちづくり委員会は，近隣住民の意向を踏まえて修正の可能性を事業者に問い，その理由も明確にするように要請する。その上で，協議を重ねても事業者から修正が引き出せないと判断すると，裁定者としての判断基準に移行したのであった。

第4節　地区まちづくり計画への移行

　まちづくり委員会は，調整会報告書のなかで，調整会での協議を好機と捉えて，地区まちづくり計画の策定を推奨する場合がある（事例E，C）。事例Eでは，事業者が代わった際の調整会で，近隣住民が地区まちづくり計画の策定を模索しているため，その内容に準じて高さ約22mの計画を変更し，10mの建築物にしてほしいと呼びかけている。調査報告書では，「計画内容に配慮した事業を行うものとする」と述べた。しかし，調整会報告書のなかで策定が推奨されても，その後の地区まちづくり計画に発展するまでには至っていない。その一方で，調整会後に地区まちづくり計画を策定した事例がある。事例Bでは，調整会終了後に，近隣住民が調整会で協議の対象となった集合住宅の土地を含む地区まちづくり計画を策定し，同地区の新たな規

---

[5]　事例H第10回議事録の30頁を参照。

制となった。この地区まちづくり計画は，低層住宅の地域としていくために策定された[6]。約4280.14㎡の広さに，建築物の高さ10mを超える建築物については，日影時間は測定水平面4mで，5mを超える範囲を4時間以上，10mを超える範囲を2.5時間以上とした。建築物の高さについては，12.5mを建築物の高さの最高限度とした。調整会での議論を基に，地区まちづくり計画が策定された。地区まちづくり計画は，協議対象の建築計画を修正する根拠として活用されることはなかった。しかし，調整会での協議できっかけを得て，地域住民の思い描く望ましい空間の利用方法を規定した唯一の事例となっている。

小 括

狛江市のまちづくり条例の協議手続きにおいて，専門家が果たした役割について検証した。専門家はまちづくり委員会の有識者として，近隣住民には計画修正の妥結に向けた参加姿勢を求めた。両者の歩み寄りを加速させるために，両者の言い分を咀嚼する役割も果たした。専門家と市民から構成されるまちづくり委員会は，調整会で，事業者に対しては近隣住民が建築計画を視覚的に理解するための資料提出を求め，建築計画についての説明責任を拡大させた。専門家が市民と事業者と同席して，妥結可能な修正案について吟味することを可能にしている点が，国分寺市の協議手続きと異なる利点といえる。この利点を活かして，既存の高木の保全や緑化の推進に関しては，それらの種類や位置について協議することが可能であった。

ただし，調整会による有識者を交えた議論によって，近隣住民が満足のいく結果につながりやすいというわけではなかった。まちづくり委員会の委員は，近隣住民が事業者に対して大幅な計画修正を求めている場合は，大幅な

---

6) 地区まちづくり計画図を参照。

計画修正を可能にする方法を模索し，事業者が明確に拒否した場合は，それ以上の検討を迫ることが困難であると認識していた。本章で取り上げた事例Hは，調整会での近隣住民と事業者の協議の結果，建築物の高さは近隣住民が求める通りにはならなかったが，計画修正が行われた事例である。しかし，この事例における修正結果は，まちづくり委員会委員からの事業者に対する働きかけによる効果というよりは，近隣住民の粘り強い計画修正の要請が大きかったといえる。

　まちづくり委員会の有識者は，調整会で事業者が近隣住民からの要請を拒否した場合，合意に向けて近隣住民を説得する場面もあった。その説得する際の説得材料として示されたのは，都市計画法と建築基準法に定められた基準と，訴訟になった場合の司法判断の予測である。近隣住民がこの説得材料に納得できない場合は，近隣住民のまちづくり委員会，まちづくり条例の仕組み，市に対する不満につながる。このまちづくり委員会の判断基準は，行政手続法32条の行政指導に関する一般原則の範囲内に留まっていた。特に，調整会の回を重ねるごとに，まちづくり委員会の役割は，裁定に力点が移行していった。市民の主張を取り入れて〈市民的探究活動〉に基づく専門知識の動員を試みるが，任意の協力を引き出すことが意識されるため，事業者が明確に修正を拒否した場合には，市民も専門家も受け入れざるをえない結果となった。それらの事例の運用実態からすると，今後も，建築計画の修正はあっても，近隣住民の要望通りの修正は期待できない可能性がある。特に，抜本的な計画の修正は，事業者が拒否するため困難である。

　しかし，抜本的な計画修正が見込めないなかでも，協議手続きにそった協議が，地区まちづくり計画策定の機運を高めることは，将来の地区内の都市景観保全の〈日常的な契機〉となりうる。事後に地区まちづくり計画が策定された事例は，その可能性があることを示している。市民が，調整会での協議を発端にして，地区まちづくり計画の策定に向けて動いたのは，調整会での協議が，地区内に将来もたらされる可能性のある〈受苦の予測〉を可能に

し，都市景観保全の〈日常的な契機〉として機能しうる証である。

ただし，現時点では，他の事例の調整会での議論においても，地区まちづくり計画の策定が話題になることはあっても，実際に建築計画の大幅修正につながった事例はない。そして，地区まちづくり計画が，計画修正につながらない理由は，地区まちづくり計画の設計が，法的な強制力を伴わない任意の協力を引き出す設計になっているからである。条文では，条例の対象となる開発事業は，市と協定を結ぶ前に工事を着工してはならないとある。しかし，工事に着手した場合の罰則規定は，勧告と違反内容の公表に留まる。そして，開発事業届出書の提出がない場合の是正の命令と，それに従わない場合の6ヶ月間の懲役または50万円以下の罰金を定めた罰則規定があるが，その規定の適用条件は，手続き違反と提出書類に虚偽の内容を記載した場合に限られており，適用された際の効果も不透明である。

罰則規定の効果が不透明なため，実際の調整会においても，調整開催中に事業者が工事に着工した事例が散見された。事例Gでは，事業者が条例違反になると知りつつ，工事に着工したと明言した。この発言に対して，まちづくり委員会委員長は，条例違反であると指摘し，それを知りながらの工事着工は確信犯であると，非難する趣旨の発言をしている。その上で，条例違反のないよう注意し，事業者が了承するというやり取りがあった。また，事例Hでは，土壌汚染が発覚したことで，近隣住民が開発事業自体を問題視し，既存の建築物の解体工事をしないよう求めた。それを受けて委員長からも近隣住民を安心させるために，事業者は解体工事を控えるよう伝えられた[7]。しかし，次の調整会までの間に解体工事は着工され，まちづくり委員会が，解体工事の工事協定を結ぶよう促すということがあった。その後の協議中にも，合法的な建築計画であり，条例に罰則規定がないために，強力に計画修正を迫るのは困難であるという認識が示されている。協議手続きに基づく協

---

7) 事例H第2回，第3回調整会議事録を参照。

議結果を確かなものにするためには，工事の進捗を制御する規定を条例に明記する必要がある。

第 7 章
市長と議会による承認制度
逗子市まちづくり条例の事例より

本章では，市長と市議会による承認制度の効果について検証するために，逗子市のまちづくり条例の運用状況を参照する。

第1節　逗子市まちづくり条例

1　条例の制定意図

　逗子市のまちづくり条例の制定意図は，条例制定以前の地域状況から強い影響を受けている。逗子市の景観行政は，それまで運用してきた「良好な都市環境をつくる条例」（以下，つくる条例と記す）と開発指導要綱によって行われてきた。しかし，開発指導要綱にある建物の高さ制限を緩和したことから，斜面地マンション建設により，斜面緑地を減少させるマンション建設に反対する市民運動が起きた。そこで，市は建築計画に市民の意見を反映させるために，まちづくり基本計画と，地区ごとのまちづくりを推進する手続きと協議手続きを，独自のまちづくり条例に定めた。

　景観行政に関連する条例の制定意図は，条例に定められた基本原則と，基本計画から読み取れる。基本原則では，土地基本法に基づいて，土地については公共の福祉を優先させると定めている。市民参加で策定された基本計画の「市民にとって望ましい土地利用のあり方」の項目では，条例を制定する要因となった住宅地の土地利用についての理想が記されている。低層住宅地については，「自然と人口の調和した低層の庭園都市的景観を持った住環境の向上」，中層住宅地については，緑化を推進するとある。逗子市独自の景観を構成する住宅とみどりの密接な関係は，前文でも「遠方に出かけて仰ぎ見，感嘆する自然ではなく，庭先に立ち，街路を歩き，岸壁に休んでほとんど無意識に視界にとらえる住宅街を埋める木々の緑であり，三方を取り囲む低い稜線であり，相模湾に開けた砂浜を洗う波涛である」と強調されている。

では，市独自のまちづくりのなかで景観行政を進めるという条例の制定意図は，実際の協議手続きを経ると，郊外の住宅地における建築計画やその事業者の言動に対してどのように反映されているであろうか。

2 条例の協議手続き

逗子市の景観行政に関連する条例は，つくる条例（1992年施行），まちづくり条例（2002年施行），景観条例（2006年施行）の3条例である。3つの条例が，連動した手続きになっている。それぞれの目的は，つくる条例が自然環境の保全，景観条例が建物の意匠の保全，まちづくり条例が公共の福祉に基づいた土地利用の推進となっており，若干の差異があるものの，どれも住宅地の都市景観を構成する重要な要素を保全対象としている。3条例の対象となる行為は，表5に示した通り，土地利用，建物の意匠，自然環境の保全の観点から規定されている。複数の条例に該当する事業の場合は，つくる条例と景観条例の後に，まちづくり条例の手続きを経ることになっている（図3）。

各条例とも，事業者が土地利用の変更や建築を行うための窓口相談から始まり，市が事業者と住民の間に入り，事業者から住民に対する説明会の機会を担保した上で，周辺住民が公聴会を必要としたら開催できるようになっている。その後，市長は，景観条例の場合は有識者や市民で構成する諮問委員会に，そして，つくる条例の場合は有識者で構成する環境影響審査委員会に，建築計画に関する答申を求め，事業者に対して指導を行う。

つくる条例と景観条例の協議手続きの妥当性を支える根拠は，科学的な数値や公聴会での市民の声によって確立するようになっている。つくる条例では，環境影響評価を参考にする。環境影響評価は，市内を100㎡の正方形のメッシュごとに区分し，自然環境に与える影響を4つのランクに分けて実施する。市は，この環境影響評価に基づいて，事業者の土地利用に対し，Aランクの場合は80%以上，Dランクの場合は20%以上の自然環境の保全目標

表5 逗子市の3つの条例の対象基準

	適用対象
つくる条例	300㎡以上であり，土地区画形質の変更，木材や移植，土石の採取が伴う土地利用
景観条例	①建築物等の建設用に行う土地区画形質（景観条例3条2項，都市計画法4条12項）を伴う行為で，開発区域の面積が300㎡以上のもの，②高さが10m以上の建築物，③8戸以上の共同住宅等，④建築物の延べ面積が1,000㎡以上のもの，⑤建築基準法88条に該当する15m以上のアンテナなどの工作物。
まちづくり条例	①300㎡以上の土地区画形質の変更もしくは宅地造成，②高さが10以上の建築計画，③8戸以上ある共同住宅等，④延べ面積が1000㎡以上の建築計画，勾配が30度を超え建物が接する地表面の高低差が3mを超える建築計画，⑤建築基準法88条に該当する15m以上のアンテナなどの工作物。

を設定する。景観条例は，景観法を根拠法とし，具体的な逗子らしい景観像を表す基本理念，基本目標，色彩を定めた基本指針（景観条例6条）に基づいている。

　まちづくり条例においては，市長が，周辺住民の参加する公聴会の結果から判断し意見を表明する。周辺住民か事業者に不満が残る場合は，議会に意見を求めることができる。

　3つの条例とも，市長の指導や勧告，命令に従わない場合の規定を定めており，違反する場合は，事業者や事業に関する事実を公表する。さらに，まちづくり条例には，市長の命令に従わない事業者に対して，6ヶ月以下の懲役または50万円以下の罰金に処す懲役罰則規定がある。これら罰則規定は，実際に適用して違反行為を抑制するというよりは，条例の趣旨にそった行動を促す効果が期待されている。

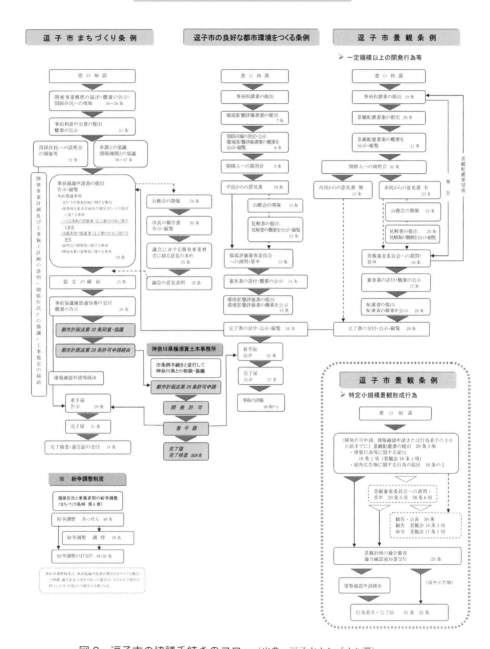

図3　逗子市の協議手続きのフロー（出典：逗子市まちづくり課）

第2節　分析対象の事例

　本章では，市長と市議会の承認制度を含む協議手続きが土地利用と建築計画の修正内容に与えた影響について検証する。そのために，主に協議手続きにおける，説明会，公聴会，市長の意見表明，議会の意見表明に関する記録を分析する。分析対象の事例は，施行年の2002～2008年の間に公聴会が開催された3件と，まちづくり条例施行直前に起きた事例で条例施行後に課される協議手続きの内容が影響した事例の合計4件である。

1　土地利用と建築計画について協議する機会
　事例Aは，まちづくり条例の施行直前に事業計画が進められた事例で，そのまま事業が進めばまちづくり条例の協議手続きの対象となったため，近隣住民の強い反発を受けて，事業者が撤退した事例である。マンション事業者Aが逗子駅から8分程度の所にある里山を所有し，その里山の一部を切り崩して99戸のマンションを建設しようとした。このマンション計画は，つくる条例の対象であり，まちづくり条例の対象になる予定であった。マンションが，北側斜面と南側斜面を貫通するように建てられ，稜線の連続性が失われる建築計画であった。具体的には，マンションの地盤面は，周辺住民の建物が立地する地面から約10m高く，なおかつ法律上は地下室扱いの入り口となる構造物部分を含めると，法律上は地上5階建のマンションが，周辺からは7～8階建マンションに見える。施行直後のまちづくり条例の手続きに入る前に，建築は断念され，最終的には，マンション事業者は土地をすべて市に寄付した（図面1）。

　事例Bは，斜面地に沿って5階建を2棟，合計119戸のマンションを建築する計画が，つくる条例とまちづくり条例の手続きのなかで，27戸の分譲戸建建築計画に変更された事例である。このマンション計画は，斜面地沿

いに2棟のマンションが上下に並んで位置するため，地上から見ると2棟が合わさって10階建に見える計画である。周辺住民は，この斜面地開発に対する違和感を持ち，まちづくり条例の協議手続きに基づく説明会と公聴会で主張した。そして，市長と議会が全面的に不支持[1]を表明した結果，事業者は，マンションから分譲戸建住宅へと建築計画を根本的に変更した（図面2）。

　事例Cは，企業の保養所跡地における6階建の合計36戸のマンション建築計画が，まちづくり条例の協議手続きのなかで，周辺住民，市長，議会に否定されたため，最終的には土地が切り売りされ，分譲戸建住宅として販売された事例である。このマンション計画は，まちづくり条例の手続きにおいて，議会の意見表明の段階まで進められた。市長は，この公聴会における周辺住民の意見を自らの意見の根拠として，計画を認めなかった[2]。事業者Mは，議会でも不承認を受けて，マンション建築を断念し，複数の個人に切り売りし，異なる建設会社によって，ほぼすべての土地に3階建の戸建住宅が建てられた。当該建築物の北側には県道が走り，南側は低層住宅群が広がっ

---

1) 市長は，「公聴会報告書」のなかで次のように述べている。「当該開発事業計画に係わる今回の公聴会では開発区域の緑地の存在が歴史的にも近隣住民の生活に大きく寄与していることから景観や山のある生活環境を壊したくないなどの意見が多かったこと，（中略）緑地保全を求めた請願，陳情が採択・了承されたことは市として尊重せざるを得ないものであることなどから本計画を容認することは本市のまちづくりに対して重大な影響を及ぼすものと判断せざるを得ず，本計画を否とするものです」（2002年12月13日）。
2) 市長は，「公聴会報告書」（2005年7月11日）のなかで次のように述べている。「（中略）現計画につきましては，逗子市まちづくり条例に定められた範囲内での変更がなされ，その努力を可とするものですが，本公聴会においては，日照の悪化，プライバシーの侵害等，関係住民の住環境の悪化を危惧する意見があり，このままでは良しとすることができません。つきましては，これら相隣関係に係わる紛争については，事業者と住民双方により，更なる協議を実施されることを願うものです」（2005年7月11日）。

ている。北側が県道に面しているため，近隣商業地域の緩い建蔽率が適用されており，8戸の戸建住宅が県道間近に接近して建てられた（図面3）。

事例Dは，事業者がまちづくり条例の手続きを経ずに，神奈川県土木事務所から人工地盤と戸建住宅用の建物の建築確認済証を受け，その後，一部応じたまちづくり条例手続きを完了する前に，人工地盤と戸建住宅を建築し販売した事例である。この事例は，事業者が条例制定意図を無視して建築計画を推進した，条例に違反した事例である（図面4）。

2　各事例の争点

事例Aにおいて，周辺住民が納得しなかった大きな点は，建築予定のマンションが里山の地形を大きく変化させることで，自然環境が消失する点である[3]。事例Bは，当初の計画において2棟のマンションが斜面地沿いに上下に並んで位置するため，地上から見ると2棟が合わさって10階建に見える計画である。このため，周辺住民からは，斜面地開発への違和感，緑地，地盤，埋蔵文化財，景観，戸数の多さに関する問題が指摘された。事例Cの公聴会では，周辺住民の3階建案と，事業者Mが申請当初の6階建から5階建に修正した案は，折り合いがつかなかった。周辺住民からは，日照の悪化，プライバシーの侵害，関係住民の住環境の悪化について問題視された。

事例Dで，周辺住民が人工地盤の築造や住宅の建築に反対した理由は，不十分な人工地盤の安全性や管理，圧迫感，プライバシー侵害，景観破壊，日照時間の低下，緑地の消失を懸念するためであった[4]。公聴会での発言内

---

[3]　「環境影響評価書の見解書」（2002年7月4日）を参照。この見解書には，周辺住民からの意見書と公聴会で出された意見に対する事業者の回答が記載されている。周辺住民からの意見書のなかで一番多く述べられたのは，自然環境がなくなることである。

[4]　「公聴会報告書」（2006年8月21日），当該土地の周辺住民が組織するハイランド周辺の乱開発をSTOPさせる会のビラ（2006年8月31日）を参照。

図面1：事例A

上：里山に計画された
　　マンション
下：里山の高さの半分
　　以上を削る計画の
　　イメージ図

出典：
逗子市「環境影響評価
書案」より

出典:逗子市「説明会開催状況等報告書」より

図面2:事例B

上:基のマンション計画と変更後の分譲宅地計画
下:里山とマンション計画の断面図

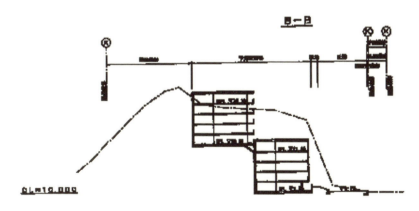

出典:逗子市「逗子久木5丁目開発計画環境影響評価書案に関する公聴会記録」より

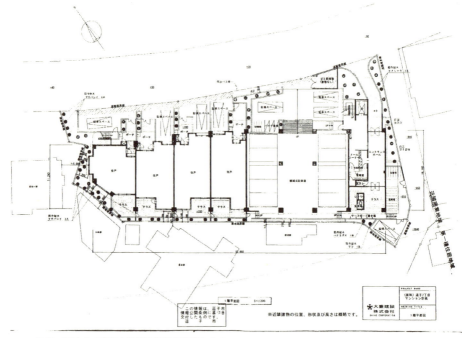

出典:逗子市「説明会開催状況等報告書」より

図面3:事例C

上:マンション計画と敷地の様子
下:計画変更後の分譲宅地計画を上空から見た様子

出典:
googleマップに筆者が敷地境界線を加筆

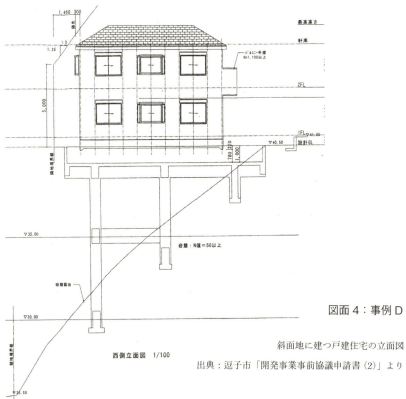

図面4:事例D

斜面地に建つ戸建住宅の立面図

出典:逗子市「開発事業事前協議申請書(2)」より

斜面の下から
見た様子
(著者撮影)

表6 まちづくり条例の協議手続き対象事例

事例	A	B	C	D
用途地域 (容積率／建蔽率)	一低専（60/50） 一住（200/100）	一低専（100/50） 一住（200/60）	近商（200/80） 一住（200/60）	一低専（100/50）
事業計画	集合住宅 1棟99戸 地上5階 (地下2階)	集合住宅 2棟119戸 地上2階 (地下3階)	集合住宅 1棟36戸 地上5階	人工地盤 戸建住宅 1戸
まちづくり条例に 基づく説明会の開 催数	―	3回	4回	なし
公聴会の記録	―	公聴会 2002.11.2 開催 公述人11名 事業者6名 傍聴人50名	公聴会 2005.4.29 開催 公述人9名 事業者3名 傍聴人39名	公聴会 2006.7.16 開催 公述人8名 事業者1名 傍聴人61名
首長の意見表明	―	建築計画を不了承	建築計画を不了承	建築計画を不了承
議会の意見表明	―	建築計画を不了承	建築計画を不了承	建築計画を不了承
協定	―	締結	計画撤回のため未 締結	条例違反のため未 締結

容には，日照阻害，プライバシー侵害，近隣住民への圧迫感などの，近隣紛争としての主張のみでなく，地域の住環境の悪化，景観，自然環境などの場所の社会的な意味に関する内容が確認できる（表6）。

第3節　協議手続きが建築計画へ与える影響

1　事業計画が修正された事例

計画を修正した事例では，協議手続きが完了するまでに2〜5年間かかっている。事例Aでは，環境影響評価には，豊かな自然環境維持のために土地利用と建築計画を修正させる効力はなかった[5]。このため，里山など広

---

5) 当該事例の審査書（2003年3月14日）によると，自然環境評価上Aランクの土

い土地を所有し，その一部を開発した場合，環境影響評価に定められたA〜Dランクの保全目標の総量を確保しながら，開発行為を進められる。そのため，総量目標を達成したとしても，Aランクに該当する豊かな自然環境は，年々減少していくことになる。むしろ，事業者の判断を修正させた取り組みは，事業者に説明会を義務づける条文を活用した，2年間に及ぶ粘り強い周辺住民の取り組みであった[6]。まちづくり条例の協議手続きが運用されるようになってからは，市長と議会による承認手続きがある分，協議結果を計画修正に結びつけられる可能性が拡大した。

事例Bのように，周辺住民の土地利用と建築計画への反発が強かったことに加え，手続きの途中で事業者が倒産するという事業者側の理由によって，空白期間が2年半あった事情も重なり，5年かかった事例もある。事業者が，住民への説明に費やす時間や回数を重ねたのは，条例に基づく説明責任を果たしたと認められない限り，事業を進められないように定めたまちづくり条例の効果である。

まちづくり条例の協議手続きに該当する事例のうち，土地利用のあり方と建築計画を修正できた事例とできなかった事例との相違点は，協議手続きに沿って協議する機会が，建築確認の手続き以前に確保できたか否かである。事例B，Cのように同条例に定められた協議手続きに応じた事例では，市長と議会による事業計画の見直しが望ましいことが表明された後に，マンションから戸建て分譲計画へと変更している。また，事例Aでは，協議手続き

地の自然環境保全目標値が80%を満たすことは困難である一方で，B〜Dランクにおいては目標値以上であるため，総量としては目標値以上であるという事業者の環境影響評価書を，諮問委員会および市長は追認している。

6) 2010年6月23日，周辺住民S氏に実施した聞き取り調査時の証言。S氏は，このマンション反対運動をきっかけに自治会の理事になり，市が行う里山のアダプト制度の一環で，当該土地を管理する自治会の中心主体として，里山保全に取り組んでいる。自治会と市は，2009年10月3日に合意書を締結。

をしない段階で,協議手続きでの反発を予測して,土地利用を白紙撤回している。その一方で,事例Dは,協議手続きが完了する以前に建築確認手続きを完了し,土地所有者が宅地造成に関する土木工事と建築物の建設工事を開始した事例である。この事例では,協議手続きを経なかったため条例違反の事例となるが,周辺住民と自治体から問題視されたまま,土地利用と建築計画に修正は加えられなかった。したがって,特定行政庁もしくは民間の指定確認検査機関による建築確認手続きより以前に,まちづくり条例に協議手続きを定めたことによって,事業計画を修正する機会を活用した事例では,計画が大幅に修正されたのである。

2 事業計画が修正されなかった事例

この事例Dでは,周辺住民,市長,議会が条例に基づいて建築計画の推進に反対しているにもかかわらず,人工地盤の工事を事実上黙認した。事業者Tが,事前協議書を申請したのは,神奈川県土木事務所から建築確認済証を受けた6ヶ月後であった。その後,公聴会が開催され,公聴会報告書によって市長の意見[7]が表明されるまでに,3か月間要している。しかし,最終的に市は,すでに切り崩した斜面の安全上の理由から,人工地盤を建築することを認めた。そして,事業者が事業者Tから事業者T-2へ変わり,事業者T-2が住宅の建築工事を開始したため,市長は是正命令書を交付した。

周辺住民は,公聴会で意見表明するだけでなく,議会に対しても陳情を行った。まちづくり条例では,周辺住民は市長の意見に不服がある時に,議会

---

[7] 市長は,「公聴会報告書」のなかで次のように述べている。「(中略) 当該事業者は,人工地盤築造による戸建建築行為であるが,事業者は建築確認済証交付後,市の再三の指導を受けて,まちづくり条例の手続きをしているなど,適切な事業執行をしているとはいい難く,あらかじめ事業の概要の施行および完成後の安全確保等,まちづくり条例の基本原則に基づき,関係住民への十分な説明と理解を得る努力が何より求められたところである (中略)」(2006年8月21日)。

に申し立てを行う（まちづくり条例35条）。当該事例では，周辺住民は市長の意見に不満はないものの，事業者が開発行為を続行したため，市長がまちづくり条例35条に基づいて議会に意見を求めるよう要望した。しかし，市長から返答がなかったため，議会に対して市長の意見表明に賛同するよう直接陳情し議決されている[8]。市議会では，その後，議員の発議により「まちづくり条例の違反に対し厳格な対応を求める決議」を議決している[9]。

現状では，特定行政庁や民間確認審査機関による建築確認業務は，建築基準法に基づいて行われており，建築基準法にはまちづくり条例の協議手続きの完了の有無は審査対象とされていないため，条例とは非連動的に行われる。建築確認業務と自治体の条例の関係を如実に表している。

小 括

逗子市まちづくり条例の事前協議手続きは，条例の制定意図に合致する事例A，B，Cで見られたように，景観保全の観点から特別な地区指定がされていない場所であっても，事業者に建築計画を事実上断念させる帰結を生み出した。このような帰結が確認されたことは，市民と自治体の考え次第で，条例に定めた事前協議手続きを通じて，保全すべき住宅街の都市景観の破壊を，硬直的な法制度に頼らずに軽減できる余地があることを意味している。

こうして，周辺住民と自治体が望ましくないと考える土地利用と建築計画を食い止めることはできたが，その効果については，景観を保全できるかといえば課題が残る。事例B，Cで見られたように，マンション建築計画を断念した後に戸建住宅へ変更されても，なお周辺住民には不満が残っている。

---

[8] 逗子市議会2006年陳情39号を参照。
[9] 「まちづくり条例の違反に対し厳格な対応を求める決議書」（2009年3月18日）を参照。

事業計画の変更後も不満が残る状況から分かることは，現時点では，建築計画を断念させる帰結はあるけれど，建築計画の修正の中身についての合意に至るほどの帰結を期待するのは困難だということである[10]。

　また，まちづくり条例の事前手続きが機能しなかった事例Dから読み取れる課題もある。条例によって事前協議手続きを定めてあっても，条例違反の事例Dのように，まちづくり条例を無視して，建築確認済証を受けて工事完了，および販売完了という帰結を迎えることもある。建築確認さえ完了していれば，条例手続きを経ていない建築計画を進められる点は，景観行政における自治体の条例と建築確認事務の法的な関係に関する問題を孕んでいる[11]。逗子市は，訴訟に発展するリスクがあることを認識しつつ，周辺住民の意向を重視する自治体の政策的な意思に基づき，建築計画の修正を試みている[12]。しかし，まちづくり条例では条例違反とされる事業計画が，国の法律では合法であるという一貫性のない事態が，今後も生じうる。そのため，現行法のなかで，まちづくり条例の協議手続きの法的な安定化を図るためには，まちづくり条例の協議手続きが，建築確認手続き以前に該当する時期に

---

10)　事例Bでは，斜面地の宅地造成をすることに変わりはなく，斜面地の景観は守られないため，周辺住民側に不満が残った。また，事例Cでは，マンション計画が分譲戸建住宅に変更されたが，住宅間にある隙間が狭いために，まるで1つの3階建集合住宅が土地の際まで建っているように見える。このため，周辺住民からは，むしろマンション建築計画のまま進めて，植栽の質や量を吟味した建築計画になったほうがよかったという声も聞かれる。

11)　北村（2008），出石（2007）は，協議手続きが明記されたことによって修正を強制することには法的な問題があると指摘している。

12)　事例Dにおいて逗子市は，顧問弁護士と相談しており，建築主から提訴されることを懸念した形跡がある。また，工事が完了し売却が済んだ事例を提訴することについて逡巡してもいる。他にも，他の事例の公聴会で，事業者側がつくる条例が完了し，都市計画法と建築基準法において合法的な建築計画に対して修正を求めることは不当であり，法的な対応を検討する可能性があると述べることがあった。

確保され，なおかつ法的な問題が生じにくい時期に該当する土地取引行為の直前に設定されることの効果に，より一層着目すべきだと思われる。また，中長期的な都市景観の保全策を講じるために，協議手続きを通じて得られた周辺地域内の場所の社会的な意味に関する知見を蓄積していき，将来の建築計画の妥当性を検証するための判断材料とし，地区指定型の保全策に発展させる仕組みが重要だと考えられるのである。

終　章

本書では，初めに，日本の都市計画の変遷と，都市景観の保全に向けて都市計画を〈修正する機会〉の運用状況について考察した。その結果，市民間で場所の社会的な意味について合意し，保全のために必要な法制度を活用する社会過程が，景観の概念の原理と法制度から必要とされていると指摘した。国立市大学通りの都市景観保全運動の分析から，都市景観の保全に向けた合意と法制度に関する社会過程を確立するためには，〈受苦の予測〉に基づく〈日常的な契機〉が必要であるとの仮説を得た。

　この仮説に基づき，まちづくり条例の協議手続きを通じて，個別の建築計画の修正が促進される可能性に着目した。第4章で述べた通り，この協議手続きには，財産権の保護に配慮するために，土地取引直前から建築確認手続き以前に該当する時期に，多様な主体が協議する手順と実施時期が定められている。そして，その手続きに従って，土地利用と建築計画の修正を求める仕組みになっている。協議する時期と，協議する多元的な主体の役割を定める，まちづくり条例の協議手続きの効果について検証した。第5〜7章では，まちづくり条例の協議手続きが有する効果を検証するために，3つのまちづくり条例を取り上げ，各協議手続きの対象となった事例集の分析を行った。

　第5章では，国分寺市まちづくり条例の協議手続きの運用実態を検証した。この協議手続きの特徴は，早期の協議開催の時期を定め，市民と専門家によって構成される諮問機関で，事業者に要請する建築計画の修正内容を審議する仕組みである。

　第6章では，狛江市まちづくり条例の協議手続きを検証した。この協議手続きの特徴は，有識者によるまちづくり委員会が，調整会という協議の場を設け，個別の建築計画について，市民と事業者を交えて，個別の建築計画の修正可能な箇所を模索する仕組みである。第5章の国分寺市と第6章の狛江の条例は，専門家が協議手続きに沿って重要な役回りを担うことを定めた

条例であるため，市民の〈市民的探究活動〉に基づく専門知識の実態についても検証した。

　第7章では，逗子市のまちづくり条例の協議手続きが有する効果を検証した。この協議手続きの特徴は，市民が建築計画に異論がある場合に，公聴会で意見を述べることができ，その結果を踏まえて，市長と議会が意見を表明する仕組みである。

　まちづくり条例の協議手続きの特徴は，第4章で述べた通り，次の3点である。1つ目は，協議手続きが実施される時期が，開発指導要綱と地区指定型の保全策，紛争予防条例に基づく斡旋と調停手続きと異なり，土地取引直前から建築確認手続き以前である点である。この協議を行う時期は，土地所有権に配慮しながら，同時に都市景観保全の〈受苦の予測〉を可能にすることを目的としている。

　2つ目は，市民，事業者，有識者会議，首長，議会という多様な主体に対して，協議の場に積極的に関与する機会を与える点である。

　3つ目は，市民参加，専門知識，審議会，首長，議会という地域社会を自己統治するための仕組みを活用した協議の結果を根拠に，建築計画の修正を求める点である。

　この終章では，それぞれの自治体のまちづくり条例の協議手続きの特徴として挙げた，協議手続きの実施時期，多様な主体の協議過程への参加，専門知識の提供を含む自己統治の仕組みが，都市景観の保全に向けた社会過程，すなわち，場所の社会的な意味について合意し，保全のための法制度を活用する社会過程に与えた影響を考察する。最後に，協議手続きの運用状況から得られる知見に基づき，都市景観の保全策についてまとめたい。

第1節　近隣住民への周知

　近隣住民やその他の市民に対して事業計画を周知する機会は，まちづくり

条例がない場合，国立市の事例がそうであったように，市民と自治体は説明会を協議の場とするため，近隣住民の納得が得られるまで説明会を開催するよう独自に事業者に対して要請する必要がある。それに対して，事業者は，1日でも早く事業を進める意向を持ち，近隣住民の要請と事業計画の内容が乖離していると判断した場合は，すでに説明は済んだことにし，建築確認申請を行う。事業計画の内容についての議論とともに，その前提となる協議の場のあり方についての交渉が必要となる所以である。説明会を，計画修正に向けた協議の場にしたい市民と，事業計画の説明の場と解する事業者との間で，厳しい駆け引きが展開されることになる。

　本書の分析対象の国分寺市，狛江市，逗子市の3つの条例のすべてにおいて，事業者は早期に計画を周知しなければならないと定めている。そして，自治体への説明会の完了報告が条例手続きを進める要件になるため，説明会は，近隣住民からの要請がなくても開催される。まず，事業を周知するこの段階での交渉が省略可能なことは，近隣住民にとって，事業者と協議するために要する負担が軽減することを意味する。もちろん，説明会での説明に納得がいくとは限らない。その場合は，自治体により，公聴会か調整会の協議の機会へと続くことができる。この近隣へ周知する手続きは，〈受苦の予測〉を容易にしている。

第2節　専門知識と協議時期

　第2章6節で述べた通り，場所の社会的な意味について合意し，保全のための法制度を活用する社会過程には，都市計画，建築，訴訟についての専門知識が必要となる。第3章の国立市の事例では，〈市民的探究活動〉によって，専門知識を個別の事例に対応させることが重要であったと述べた。以下では，まちづくり条例の協議手続きの審議会での協議を通じて，市民が得られる専門知識の内容と課題について述べる。また，実効性の高い協議手続

きのなかでの専門性の位置づけを振り返り，その課題についても述べる。

1　専門知識の活用と協議手続きの低い実効性

　近隣住民が建築計画に納得できない場合は，協議する機会が担保される。国分寺市では，公聴会の開催，まちづくり市民会議の答申に基づく行政指導，再考要請制度があった。狛江市では，調整会が開催された。逗子市では，公聴会，市長の見解，場合によっては議会の見解を述べる機会があった。

　公聴会のある国分寺市と逗子市では，それが近隣住民の意見を述べる機会となり，説明会報告書の不備を指摘する機会としても機能する。国分寺市のまちづくり市民会議では，専門家と近隣住民の意見を答申に反映することが可能となる。答申と異なる内容の行政指導を行ったために行政訴訟に発展した事例以外では，その答申に基づく行政指導が実施されていた。〈市民的探究活動〉に基づいて専門知識を活用する場の設定を可能にしたといえる。ただし，建築計画の修正は，近隣住民からの要請内容と比較すると，微修正に留まった。その原因は，市民，専門家，自治体の担当課による協議の結論である修正要請に対して，事業者は任意に対応すればいいため，修正に応じない傾向にあることである。

　狛江市では，説明会で，近隣住民もしくは事業者が納得できない場合は，まちづくり委員会を調整役として，調整会が開催される。調整会では，細かな植栽や，車の出入り口の位置についての修正が可能であった。これらの修正は，調整委員による〈市民的探究活動〉に基づいて専門知識を活かし，事業計画を修正した成果である。しかし，調整会での協議は，事業者からの説明が尽くされ，法定基準を遵守していると有識者が判断した場合であって，建築計画の修正を明確に拒否する意思が示されると，まちづくり委員会の委員が建築計画を修正することは困難になった。そして，近隣住民の要望と乖離していたとしても，事業の合法性を判断基準として優先させ，計画を妥結させる傾向にあった。たとえ，近隣住民側に自発的な合意があり，なおかつ，

調整会の場で〈受苦の予測〉が可能になったとしても，専門家の主体性だけでは，近隣住民が満足するほどに計画修正を強力に促すことは困難であると，専門家自身が認識していた。

　以上の事例から得られる教訓を総合すると，まちづくり条例の協議手続きに沿った協議では，〈市民的探究活動〉に基づく専門知識を活用した建築計画の修正が試みられたが，近隣住民と事業者の対立する主張の溝が埋まらずに協議が重ねられた場合，提供される専門知識が協議を制約する法制度の解釈に留まってしまい，建築計画の修正幅への影響力も低減していった。そのため，近隣住民からまちづくり委員会が敵対視され，近隣住民から厳しい批判がなされた事例もあった。協議手続きで得られる専門知識は，専門知識を導入する時期によっては，〈市民的探究活動〉に基づかないこともあるのである。また，市民が〈市民的探究活動〉に基づいた専門知識を獲得し続けることができたとしても，建築計画の修正幅は小幅に留まることから分かるように，協議手続きの法的な位置づけの影響によって実効性が低かったことも分かった。そのため，次に，協議結果の実効性が高かった事例を振り返る。

2　専門知識の活用と協議手続きの高い実効性

　まちづくり条例によっては，抜本的な建築計画の修正を含む，大きな効果を生み出した。抜本的な建築計画の修正があったのは，国分寺市の大規模取引の届出制度に基づく地区計画の変更と，逗子市の市長と議会の承認制度の対象となった事例においてである。

　国分寺市の大規模土地取引の届出制度に基づいて地区計画を変更した事例では，建築物の高さを半分近くに規制する新たな地区計画への変更により，事業計画は抜本的に変更となった。

　また，逗子市では，公聴会後の手続きである市長の見解と議会の見解が，近隣住民の意向を反映した結論になっていた。計画の修正を求める理由として，景観や生活環境が壊れるという理由で，近隣住民の納得が得られていな

いことが挙げられた。そして，事業計画を白紙に戻す判断をする事業者が見られた。ただし，抜本的な事業計画の修正または撤回は，問題となった土地利用と建築計画の是非に対して，市長と議会の判断が大きな影響をもたらす一方で，〈市民的探究活動〉に基づいて対案を構築する機会には乏しかった。そのため，修正後の事業計画については，中規模および大規模マンション計画から戸建分譲計画に変更された2つの事例で，近隣住民の不満はやや残る結果となった。

建築計画を抜本的に修正した2つのまちづくり条例の成果において，専門家と自治体が積極的に建築計画を大きく修正できたのは，大規模土地取引行為の直前という協議開始の時期と，首長と議会の意見表明という自治体としての強い意思によって，事業計画を結果的に停止させられる手続きに依拠したからである。協議手続きは，〈受苦の予測〉を容易にする手続きであった。そして，その協議時期のあり方が，協議会が確保できる専門知識に影響を与えた。特に，大規模土地を対象とした早期の協議手続きには，今後の仕組みを考える際の有効な知見を見出すことができる。協議手続きを開始する時期と，自己統治の論理を構築する手続きによって事業計画を見直す方式が，今後の制度論を考える際に与える示唆については，また後述する。

第3節　協議における都市景観の意味

協議手続きは，地域社会での合意を確立するために，場所に対して個々が有する認識像を承認し合うことを可能にしたのだろうか。

まちづくり条例で定められた説明会，公聴会，調整会，諮問委員会において，場所に対する認識像が市民間で統一されていない場合，〈受苦の予測〉の機会が確保されただけでは，市民が個々に有する認識像について合意するのは困難であった。

検証した多くの事例では，景観保全上重要な建物の高さや，隣地境界線か

ら建築物の外壁までの距離が，日照阻害，圧迫感の軽減をするための議論の焦点になっていた。これらの場合のように，協議手続きにおける論点は，必ずしも都市景観保全が主題になっているわけではない。都市景観保全の必要性が，個別の土地利用と建築計画を修正する根拠になると，市民，専門家，自治体に認識されているわけでもないのである。そうなる要因は，市民，専門家，自治体が，地域的な広がりを持つ歴史的景観のような連続性のある場所より，住宅街の住環境の社会的な意味について合意しづらい状況がある。そのため，都市景観を保全するための論理が，個別の土地利用と建築計画に直接影響を与えることは困難であった。また，遵守すべき建築物の高さや規模が，市民間で共通認識になっているとはいえないため，狛江市の事例Hのように，近隣にすでに同様の集合住宅がある場合には，都市景観保全の重要性に重きを置いた計画修正の妥当性を提示する力は，ますます低減する結果となる。都市景観が，場所の社会的な意味と，それを反映した連続する物理的状況を保全する概念として十分に認識されているわけではないのである。ただし，都市景観保全の重要性は，近隣住民と事業者の利害調整において，近隣住民が事業計画の修正を求める社会的な妥当性を主張する際に，一般論として用いられる。その場合，近隣住民を中心とする市民が，保全すべき都市景観の社会的妥当性を裏付けることができるかどうかが問われる。場所の社会的な意味について合意することができるかどうかにかかっているのである。

　一般的には，土地利用もしくは建築物の変更に伴い，場所の意味の連続性が断絶される場合に，都市景観が破壊されると認識される。本書が分析対象とするどの地域でも，低層住宅が多い地域では，集合住宅の建築計画が近隣住民から問題視され，協議の対象となった。特に，近隣住民から問題視された建築計画の立地は，異なる用途地域の境界線上の土地や，周辺より広い土地を有した企業の施設，保養所，屋敷の跡地，もしくは農地である。土地の規模が近隣と異なる上に，建築可能な建築物が近隣と大きく異なることが，

法制度上は許容されるためである。都市景観の保全の必要性を前面に主張しなくとも，建築物の高さが最大の争点になっていた理由である。ただし，それらの都市景観の要素の1つ1つが別々に単なる近隣間の問題として争点になると，地域社会にとって共通の問題としては捉えられないことがある。

したがって，都市景観の保全に向けた〈日常的な契機〉は，協議手続きによる周知と，専門知識の提供によって，自動的に担保されるものではなく，その可否については，相変わらず市民側に委ねられている。

第4節　協議結果の蓄積と反映

分析対象の自治体の協議手続きでは，さまざまな議論がなされていた。この協議のなかで見出された知見を，今後の都市景観保全のために活かす先として，まちづくり条例や景観条例に定めた数値基準が挙げられる。ただし，数値基準は，行政区域全体に関わる基準であり，反映されるまでに時間を要する。そのため，数値基準への反映は長期的な課題として蓄積していき，基準の妥当性を検証するための判断材料とされることが望ましい。そして，地域ごとの状況に合わせた保全策として，地区指定型の保全策に発展させることが考えられる。国分寺市と狛江市では，地区指定型の保全策を進めることが望ましいとの指摘があった。しかし，その後，地域的な取り組みには発展しないことが多い。市民，事業者，自治体，有識者による議論の結果として，地区指定型の保全策を講じることが望ましいとされる提案が，提案のまま実現していない。協議手続きで生じた都市景観保全に向けた提案を実現するために，自治体が行う取り組みに自動的に移行する仕組みが，個々の計画修正とは別の将来に向けた取り組みとして重要と思われる。もちろん，地域指定型の保全策の最終的な判断は，地権者や市民の意向によって左右される。すなわち，協議手続きは都市景観の事後的な保全策を講じる〈日常的な契機〉であり，問題となった土地周辺の地権者の合意形成に向けて関係者が動き出

す可能性を引き出すものであることを理解する必要がある。狛江市と国分寺市では，地権者らの合意が得られないまま，幻となった地区指定型の保全策がいくつか確認されたこともあり，自治体の現場では，実現が困難なことと認識されている[1]。しかし，保全策の出口に至る困難さだけが強調されてはならない。都市景観保全の〈日常的な契機〉を活かす政策が必要となる。現在，運用されている法制度は，地域指定型の保全策を具体化するために必要な専門家を派遣する仕組みを有する。しかし，自治体の現場では，この制度自体があまり活用されておらず，また有効とも思われていないようである。有効でないと認識される理由は，市民からの要請に基づいて派遣する仕組みになっていることから，この仕組みを活用するか否かは市民次第と認識しているためである。しかし，市民が専門知識を得られる方法を用意しても，放置するだけでは，都市景観の保全は促進されないであろう。

　地区指定型の保全策を実現するためには，協議手続きにおける〈受苦の予測〉に基づき，将来に同様のことが起きうることへの想像力を掻き立てる政策が必要である。そこで，協議手続きにおいて，建築物の制限について近隣住民が主張したと認定される段階で，事後の協議会の立ち上げを呼びかけるよう首長に義務づけるという条例があってもよいのではないだろうか。なぜなら，保全策の必要性が明確になる入り口と，住民が合意し法制度を活用するという出口とが隔絶する状況を放置したままでは，せっかく議論されてきた結果として得られた知見が，より広い範囲の都市景観の保全に結びつかないためである。地域内の主体も共通の基準を遵守する主体となれば，都市景観保全は可能であり，そうでない場合は保全の道は閉ざされ，単に近隣の建築計画をめぐる問題となってしまい，新たに他の建築物の規模が将来問題となったときにはますます修正困難になるという明確な認識が，もっと定着する必要がある。この認識を確実に市民に定着させるためにも，協議手続きの

---

1) 本書の調査対象である各自治体の担当課への聞き取り調査による。

議論の過程で，自治体と専門家が望ましい都市景観像を確立するための支援をすることが重要である。その際に，土地利用と建築計画で問題が生じうる箇所を地図上で指摘し，建設されうる建築物の規模と，それによって生じうる問題を予測する取り組みを，確実に実行する仕組みを創設することが有用であろう。まちづくり条例の協議手続きに基づく協議内容を，局地的な一過性の出来事にせず，短期，中期，長期的な都市景観の保全策へつなげることが肝要となる。

第5節　保全意識の高揚を捉えた制度
　　　　——届出制度と地区指定型の保全策の接合

　この節では，協議手続きにおける協議内容を，事後の保全策につなげる可能性と，協議対象になった事業計画を修正する可能性について追究したい。近隣住民，専門家，市が都市景観の保全が必要性であるという一般論を根拠にして，計画の修正を迫っても，抜本的な計画修正は困難な傾向にある。そうなる理由は，建築物の規模に関する修正が，事業を進める上で事業者の経営上の負担になるためである。しかし，近隣住民，専門家，市側のもう1つの理由として，どのくらいの計画修正によって保全されたことになるのかが不明瞭であることも指摘しなければならない。すでにさまざまな規模の建築物が混在している場合はなおさらである。市民は，都市景観保全の必要性と切り離して，建築物の規模について主張する場合，近隣の建築物と同様の規模が望ましいと主張する。しかし，その場合には，事業者や，場合によっては狛江市の調整会におけるまちづくり委員会がそうであったように，諮問委員会の専門家も事業計画を抜本的に見直す根拠が乏しいと判断するか，国分寺市がそうであったように，同意するにしても実効性を確保できない結果となった。事業者が比較的歩み寄りやすい植栽のあり方などでは要望が取り入れられやすいが，建築物の規模については，修正が困難になる。

ただし，近隣住民が，協議する機会を契機にして主体的に地域的な取り組みをする事例は，皆無ではない。国分寺市，狛江市の事例では，協議手続き中に地域的な保全論が高まり，近隣住民から対策を講じようとする試みがあった。実際に策定まで至るのは稀であるが，狛江市では，協議手続きの後にまちづくり条例に定められた地区まちづくり計画の策定に至った事例がある。地域住民たち自身の所有地に対する規制を伴う保全策は，建築物のあり方をめぐる問題を近隣の問題として捉えるのではなく，地域的な問題だと明確にした事例である。この事例は，協議手続きを機に，それまでは見られなかった市民の景観保全意識が高まったのであり，協議手続きが，都市景観保全の〈日常的な契機〉を生起させた事例である。法制度の設計と運用は，この契機を捉えた取り組みが必要と考えられる。

　個別の計画が明らかになった後に，市民から問題視された建築計画を修正することが困難な理由は，すでに土地購入者が土地の利用目的を決めて購入することが多いからであろう。この理由に基づき，土地購入後では計画を修正することが困難なのであれば，国分寺市の事例のように，大規模土地取引行為の届出制度を拡充した制度が必要である。土地取引の直前に届出があった時点で，市民，市，諮問機関が，該当する地域に，地区計画，景観地区，地区まちづくり計画などの地区指定型の保全策について検討し，望ましい地域像に対する合意に基づいて，地区指定型の保全策を策定可能にする制度の構築が重要である。協議過程での土地利用と建築物の規模に関する要求が，住民たちの住む地域も遵守する基準として提示された場合には，具体的な計画修正の力を持つという仕組みである。届出が必要となる土地の規模は，現在の大規模土地取引の届出の対象より小さくすると，なお効果的になると思われる。そのような手続きがあれば，前述のように，協議手続きで得られた知見を，中長期的な将来のために活かすだけでなく，短期的に協議手続きの対象となった建築計画についても適用可能となるだろう。

第6節　自己統治に基づく意思決定手続きの構築に向けて
——首長と議会の承認制度

　協議手続きによって可能になった〈受苦の予測〉に基づいて，事後の保全策につなげる方法について検討してきた。ここでは，協議対象となった建築計画の修正につなげる仕組みについて追究したい。自治体の意思決定手続きを援用した保全策に関する知見に基づき，今一度，逗子市の首長と議会の承認制度について考察する。逗子市では，この承認制度により，集合住宅が分譲住宅地になるという事例が2事例あった。また，事業者が撤退した上に，集合住宅の計画予定地であった里山を市に寄付した事例も確認された。この事例では，近隣住民からの強い反発により2年間に約10回の説明会が任意に開催された。事業者は，この協議にかかる時間を嫌悪して，新たに施行されたまちづくり条例の手続きに入る直前で撤退した。新たに施行されたまちづくり条例の制定以後においても，上記の2事例では，同様に2年以上の協議期間を要した。この説明会に要する期間が長期に渡ったのは，近隣住民の事業者に対する働きかけによるものである。そして，市長と議会の判断は，近隣住民の意向とほぼ同じであり，近隣住民の意向を前提とする政治的な判断であった。協議期間を確保した市長と議会の承認手続きは，法的な効力というよりは，社会的な圧力を高めて，計画の修正を促す仕組みになっている。

　しかし，国の法律において合法的な建築物を条例の規定によって拒否できるかというと，法的な議論が予測され，司法が自治体にとって有利な判断を示すとは限らない。そのため，自治体は逗子市のような，首長と議会による承認制度を定める条例を制定しない。首長と議会による承認制度は，制定したとしても，実際の運用上，横須賀市のように市長が承認を拒む事例がないのと同様に，形骸化する可能性がある。都市計画分野の地方分権化を進めて，自治体の意思決定を確立する手続きを経ていることが，建築確認審査の審査項目として含められることによって，事業者が条例手続きを無視して建築確

認申請を行うという状況をなくすことが可能になる。首長と議会による承認制度の妥当性は，国の都市計画分野に関する今後の検討課題とされるべきである。

　以上において，まちづくり条例の協議手続きを，〈受苦の予測〉を捉えた制度として考え，参照事例から得られた知見から，未来の地区指定型の保全策と，土地取引直前から始まる協議手続きについて検討した。そして，自治の意思決定手続きを援用した保全策を確実にするために，法制度による位置づけが重要であると論じた。ただし，これらの協議手続きは，近隣住民の取り組みがあってはじめて成立する。特に，近隣住民がつねに都市景観保全を重視するわけではなく，また，首長と議会がつねに都市景観保全を志向するわけでもない場合は，不安定な仕組みであるといえる。また，立地によっては，近隣住民への圧迫感や日照阻害の軽減に対する期待がもともと生じないことから，近隣住民の違和感につながらず，異議申し立てがないことも考えられる。あるいは，近隣住民と事業者が，金銭的な解決方法で合意する場合も考えられる。協議手続きに基づいて都市景観の保全を目指すことは，このように不安定な要素を孕んでいるが，協議手続きで可能となる〈受苦の予測〉と，専門知識が提供される機会が，保全に効果的な時期に可能になることが，都市景観保全に向けた〈日常的な契機〉を確立しうることを確認できた。協議手続きによる都市景観保全策が孕む不安定要素を払拭し，安定的な保全策にするためには，協議の結果を踏まえた中長期的な基準へ整えていくことが望まれる。地域社会の場所の社会的な意味と，物理的な状態の連続性について見直す期間を定めて，そのつど，過去の事例から得られた知見を効果的に生かしていくことが必要なのである。

引用文献

芦部信喜, 2005, 『憲法 第3版』岩波書店
阿部昌樹, 2003, 「マンション建設紛争と自治体行政」『地方自治職員研修』504：22-24
淡路剛久, 2003, 「景観権の生成と国立・大学通り訴訟判決」『ジュリスト』有斐閣1240：68-78
飯島伸子, 1993, 『改訂版 環境問題と被害者運動』学文社
石田頼房, 2004, 『日本近代都市計画の展開 1868-2003』自治体研究社
伊藤修一郎, 2006, 『自治体発の政策革新——景観条例から景観法へ』木鐸社
伊藤博文・宮沢俊義校註, 1989, 『憲法義解』岩波書店
五十嵐敬喜, 1979, 「現代法としての宅地開発指導要綱」『都市問題研究』31(7)：123-135
五十嵐敬喜, 1980, 『現代都市法の生成』三省堂
五十嵐敬喜・小川明雄, 1993, 『都市計画——利権の構図を超えて』岩波書店
五十嵐敬喜・野口和雄・池上修一, 1996, 『美の条例——いきづく町をつくる』学芸出版社
石原一子, 2007, 『景観にかける——国立マンション訴訟を闘って』新評論
出石稔, 2007, 「土地利用における「住民同意制」に関する考察——横須賀市の指導要綱の条例化と近年の動向から」『ジュリスコンサルタス』関東学院大学研究所16：327-344
植田和弘, 2005, 「都市と自然資本・アメニティ」, 植田和弘・神野直彦・西村幸夫・間宮陽介編『岩波講座 都市の再生を考える 第5巻 都市のアメニティとエコロジー』岩波書店
内海麻利, 1999, 「指導要綱とまちづくり条例の実態」, 小林重敬編『地方分権時代のまちづくり条例』学芸出版社

内海麻利, 2010, 『まちづくり条例の実態と課題——都市計画法の補完から自治の手立てへ』第一法規
荏原明則, 2011, 「景観保護制度の運用と課題——芦屋市における景観地区制度運用を中心に」『神戸学院法学』40 (3・4): 493-534
大方潤一郎, 1999, 「土地利用系まちづくり条例」, 小林重敬編『地方分権時代のまちづくり条例』学芸出版社
岡田知・松倉寛・室田昌子, 2007, 「マンション建設における住民運動の実態と制度的要因に関する研究」『都市計画報告集』5-4 (0): 90-93
奥真美, 2008, 「国立市における景観形成への取組みの経緯と概要」, 首都大学東京都市教養学部都市政策コース編『景観形成とまちづくり——「国立市」を事例として』公人の友社
北村喜宣, 2004, 『分権改革と条例』東弘社
北村喜宣, 2006, 『自治体環境行政法 第4版』第一法規
北村喜宣, 2008, 『行政法の実効性確保』有斐閣
行政指導研究会, 1981, 『行政指導に関する調査研究報告書』行政管理研究センター
窪田亜矢, 2003, 「各主体の動向に基づくマンション紛争防止に向けた考察〜神楽坂高層マンション計画を事例として〜」『都市計画論文集』38 (2): 52-57
小林重敬編, 1999, 『分権社会と都市計画』ぎょうせい
小林重敬編, 1999, 『地方分権時代のまちづくり条例』学芸出版社
後藤春彦, 2009, 「生活景とは何か」, 日本建築学会編『生活景 身近な景観価値の発見とまちづくり』学芸出版社
佐藤岩夫, 2001, 「都市計画と住民参加」, 原田純考編『日本の都市法Ⅱ 諸相と動態』東京大学出版会
篠原修, 2007, 『景観用語辞典 増補改訂版』彰国社
新藤宗幸, 1992, 『行政指導』岩波書店
鈴木庸夫, 1983, 「練馬区建築物の建築に係る紛争の予防と調整に関する条例」『ジュリスト』(800): 128-129
鈴木庸夫, 1993, 「建築・開発紛争の行政機構による解決の問題点とその改革

の方向」『行政紛争処理の法理と課題——市原昌三郎先生古稀記念論文集』法学書院

高見澤邦朗，1999，「地区系まちづくり条例」，小林重敬編『地方分権時代のまちづくり条例』学芸出版社：166-175

高見沢邦朗・饗庭伸・小笠原拓士，2007，「大規模開発と協議・調整まちづくり条例——基礎自治体の能力が問われている」，羽目正美編『自治と参加・協働　ローカル・ガバナンスの再構築』学芸出版社

田村明，1997，『美しい都市景観をつくるアーバンデザイン』朝日新聞社

大学通り倶楽部編，1995，『誰がためにビルは立つ』武蔵野書房

地区計画研究会編，1995，『解説＆事例　地区計画の手引１・２』ぎょうせい

都市計画協会，2014，『平成24年度（2012年）都市計画年報』

富井利安，2004，「環境権と景観享受権」『環境・公害法の理論と実践』日本評論社

鳥越晧之，1996，「環境保全紛争と住民主体」，棚瀬孝雄編『紛争処理と合意——法と正義の新たなパラダイムを求めて』ミネルヴァ書房

鳥越晧之，2009，「景観論と景観政策」，鳥越晧之・家中茂・藤村美穂『景観形成と地域コミュニティ——地域資本を増やす景観政策』農文協

中村良夫，1977，「景観原論」，土木工学大系編集委員会編『土木工学大系13　景観論』彰国社

名古屋地決平成15・3・31判タ1119号278頁

成田頼明編，1992，『都市づくり条例の諸問題』第一法規

新山一雄，1992，「練馬区中高層建築物の建築に係る紛争の予防と調整に関する条例」『新条例百選　ジュリスト増刊』有斐閣：60-61

西尾勝，1973，「市民と都市政策」『岩波講座　現代都市政策Ⅱ　市民参加』岩波書店

西村幸夫・町並み研究会編，2000，『都市の風景計画——欧米の景観コントロール手法と実際』学芸出版社

西村幸夫，2002，「都市空間の再生とアメニティ」，吉田文和・宮本憲一編『環境と開発』岩波書店

西村幸夫，2004，『都市保全計画——歴史・文化・自然を活かしたまちづくり』

東京大学出版会
似田貝香門,1987,「都市計画と都市政策」,蓮見音彦・山本英治・高橋明善編『日本の社会2　社会問題と公共政策』東京大学出版会
日本建築学会編,2005,『まちづくり教科書　第8巻　景観まちづくり』丸善
日本建築学会編,2009,『生活景——身近な景観価値の発見とまちづくり』学芸出版社
長谷川貴陽史,2005,『都市コミュニティと法——建築協定・地区計画による公共空間の形成』東京大学出版会
林崎豊・藤井さやか・有田智一・大村謙二朗,2007,「住民発意による都市計画提案制度の運用実態と活用促進に向けた研究」『都市計画論文集』42（3）：229-234
林泰義,1992,「東京都世田谷区街づくり条例」『新条例百選　ジュリスト増刊』有斐閣：58-59
原科幸彦,2011,『環境アセスメントとは何か——対応から戦略へ』岩波書店
原田尚彦,2012,『行政法要論（全訂第七版補訂二版）』学陽書房
原田純孝編,2001,『日本の都市法Ⅰ　構造と展開』東京大学出版会
広島地決平成21・10・1判時2060号3頁
堀川三郎,1998,「歴史的景観保存と地域再生」,舩橋晴俊・飯島伸子編『講座社会学12　環境』東京大学出版会
日端康雄,2010,「地区計画制度の導入」,都市計画協会編『近代都市計画制度90年記念論集〜日本の都市計画を振り返る〜』都市計画協会：97-106
舩橋晴俊,1989,「「社会的ジレンマ」としての環境問題」『社會勞働研究』法政大学35（3,4号）：23-50
舩橋晴俊,1990,「社会制御の三水準——新幹線公害対策の日仏比較を事例にして」『社会学評論』日本社会学会41（3）：305-319
舩橋晴俊,1995,「環境問題への社会学的視座——「社会的ジレンマ論」と「社会制御システム論」」『環境社会学研究』（1）：5-20
藤田忍,2005,「まちづくり建築士による地域職能集団」,真嶋二郎・住宅の地方性研究会編『地域からの住まいづくり——住宅マスタープランを超えて』ドメス出版

福川裕一，1999「地方分権推進に伴う都市計画制度の見直し——到達点と課題」『都市計画の地方分権——まちづくりへの実践』学芸出版社

松原治郎・似田貝香門編著，1976，『住民運動の論理——運動の展開過程・課題と展望』学陽書房

間宮陽介，1994，「都市の形成」，宇沢弘文・茂木愛一郎編『社会的共通資本——コモンズと都市』東京大学出版会

村上淳一，1997，『〈法〉の歴史』東京大学出版会

もめタネ研究会編，2005，「もめごとのタネはまちづくりのタネ」

安本典夫，2001，「「規制緩和」・「規制改革」の流れと都市法」『社会科学研究』52（6）：27-51

山内一夫，1984，『指導要綱の理論と実際』ぎょうせい

山田希一・村木美貴・野澤康，2006，「自治体レベルの大規模開発コントロールの実態と課題に関する研究」『都市計画　別冊　都市計画論文集』41（3）：307-312

Habermas, Jürgen, 1990, *Strukturwandel der Öffentlichkeit: Untersuchungen zu einer Kategorie der bürgerlichen Gesellschaft*, Suhrkamp（＝ユルゲン・ハーバーマス，1994，『第二版　公共性の構造転換——市民社会の一カテゴリーについての探求』細谷貞雄・山田正行訳，未來社）

Habermas, Jürgen, 1992, *Faktizität und Geltung: Beiträge zur Diskurstheorie des Rechts und des demokratischen Rechtsstaats*, Suhrkamp（ユルゲン・ハーバーマス，2003，『事実性と妥当性（下）——法と民主的法治国家の討議理論にかんする研究』細谷貞雄・耳野健二訳，未來社）

村木美貴，2009，『大規模土地取引と開発における官民連携の望ましいあり方に関する研究』土地総合研究所

吉田克己，1990，「フランス民法典第五四四条と「絶対的所有権」」，乾昭三編『土地の理論的展開』法律文化社

Relph, Edward, 1976, *Place and placelessness*, London: Pion（＝エドワード・レルフ，1999，『場所の現象学』ちくま学芸文庫）

渡辺俊一，1993，『「都市計画」の誕生——国際比較からみた日本近代都市計画』柏書房

渡辺俊一，2001,「都市計画の概念と機能」，原田純孝編『日本の都市法Ⅰ　構造と展開』東京大学出版会

巻末資料

国分寺市まちづくり条例

(網掛け部分の抜粋版)

平成16年6月24日
条例第18号

目次
前文
第1章　総則（第1条―第6条）
第2章　まちづくり基本計画等（第7条―第9条）
第3章　まちづくり市民会議（第10条・第11条）
第4章　協働のまちづくり（第12条―第24条）
第5章　秩序あるまちづくり
　第1節　都市計画の決定等の提案に関する支援，手続等（第25条―第30条）
　第2節　都市計画の決定等の案の作成手続，決定等の手続等（第31条―第33条）
　第3節　地区計画等の案の作成手続（第34条―第38条）
第6章　協調協議のまちづくり
　第1節　開発事業の基本原則（第39条）
　第2節　建築確認申請等に係る届出等（第40条）
　第3節　開発事業の手続（第41条―第60条）
　第4節　大規模土地取引行為の届出等（第61条・第62条）
　第5節　大規模開発事業の特例（第63条―第68条）
　第6節　開発事業の基準（第69条―第73条）
　第7節　都市計画法に定める開発許可の基準（第74条―第78条）
　第8節　開発事業に係る紛争調整（第79条―第84条）
第7章　まちづくりの支援等（第85条―第88条）
第8章　補則（第89条―第97条）
第9章　罰則（第98条・第99条）

前文

　私たちのまち国分寺市は，富士や多摩川の悠久なる自然活動が生んだ武蔵野の台地と国分寺崖線をその源としている。崖線からの湧水は，野川の流れとなり人々の暮らしを支え，8世紀この地に武蔵国の国分寺が建立された。近世には，用水の恵みを受けた新田開発が行われ，郷土の先達が，今日の暮らしの礎を築いた。

　こうした自然と人間が織りなす営みは，崖線の緑，湧水，雑木林などの武蔵野の原風景に，「ふるさと国分寺」の歴史的環境が融和した国分寺市固有の風土を醸しだし，市民の心と生活を豊かにはぐくみ，今日に引き継がれている。私たちは，高い志をもって，このかけがえのない地域資産とその恵沢をいっそう輝きのあるものに高め，未来に継承していく責任を自覚し，多くの市民の英知と参画を得て，ここに，国分寺市におけるまちづくりの作法を定めようと思う。

　国分寺市におけるまちづくりの作法は，先達が築いた郷土を，より豊かに，より魅力的なものにする手順や約束事であり，国分寺市のまちづくりは，市民，事業者及び市が，相互に協力し，適切に役割を分かち合いながら，協働と共治の理念に基づいて行われなければならない。

　そして，市民の主体的参加のもと，市民がまちの将来像を共有し，市民が暮らし，耕し，生業を行う空間の質を高め，その総体が，国分寺市固有の風土と市民の多様な営みに豊穣をもたらすことを願い，ここに国分寺市まちづくり条例を制定する。

第6章　協調協議のまちづくり

第1節　開発事業の基本原則

（まちづくり基本計画等への適合）

第39条　開発事業は，関係法令及びまちづくり基本計画の内容に適合するものでなければならない。

2　事業者は，第3節の規定の適用を受ける開発事業の計画を策定するに当たっては，第6節及び第7節に規定する基準に適合するようにしなければならない。

3　事業者は，市の特性である樹林，水流，湧水その他の自然環境の良好な保全に努めなければならない。

第2節　建築確認申請等に係る届出等
（建築確認申請等に係る届出等）
第40条　建築確認申請等を行う建築主は，当該建築確認申請等に係る計画の概要について，規則で定めるところにより，当該建築確認申請等を行う前に市長に届け出なければならない。ただし，次節の規定の適用を受ける開発事業については，この限りでない。
2　市長は，前項本文の規定による届出があったときは，規則で定める事項を記載した通知書を建築主に交付するものとする。
3　市長は，第1項本文の規定による届出があった場合において，まちづくり基本計画と整合した良好なまちづくりを推進するために必要があると認めるときは，当該届出をした者に対し，必要な措置を講ずるよう助言し，又は指導することができる。
4　市長は，第1項本文の規定による届出があったときは，狭あいな生活道路の拡幅整備等良好なまちづくりを推進するために必要な施策を実施するものとする。
5　市長は，建築行為を通して良好なまちづくりを推進するため，東京都及び指定確認検査機関（建築基準法第77条の21（指定の公示等）に規定する指定確認検査機関をいう。）と連携を図るよう努めるものとする。

第3節　開発事業の手続
（開発基本計画の届出等）
第41条　事業者は，次の各号のいずれかに該当する開発事業を行おうとするときは，当該開発事業に係る設計に着手する前に，規則で定めるところにより，当該開発事業の基本計画（以下「開発基本計画」という。）を市長に届け出なければならない。
⑴　開発区域の面積が500平方メートル（国分寺崖線区域内にあっては300平方メートル）以上の開発事業

(2) 中高層建築物（最低地盤面（建築物が周囲の地盤と接する最も低い位置をいう。）からの高さが10メートルを超える建築物又は地階を含む階数が3以上の建築物をいう。以下同じ。）の建築
(3) 16戸以上の共同住宅（ただし，ワンルーム建築物（1区分の面積が40平方メートル以下の住宅で浴室，便所及び台所を有するものをいう。以下同じ。）にあっては，3戸を1戸とみなす。）の建築
(4) 地区まちづくり計画若しくは都市農地まちづくり計画が定められている地区内又は推進地区まちづくり計画が定められている推進地区内で行う開発事業
(5) 市長がテーマ型まちづくり計画と関係があると認めて，あらかじめ，市民会議の意見を聴いて指定した区域内で行う開発事業
(6) 建築物の用途の変更で，変更する部分の床面積の合計が1,000平方メートル以上の開発事業

2 一団の土地（同一敷地であった等一体的利用がなされていた土地及び所有者が同一であった土地をいう。）又は隣接した土地において，同時に又は引き続いて行う開発事業であって，全体として一体的な土地の利用を行う場合は，これらの開発事業は一の開発事業とみなす。

3 前項の規定は，先行する開発事業とこれに引き続く開発事業の間に，事業者の関連性が認められないものその他規則で定める開発事業については，適用しない。

（開発基本計画の周知等）

第42条 市長は，前条第1項の規定による開発基本計画の届出があったときは，速やかにその旨を公告するとともに，当該開発基本計画の写しを当該公告の日の翌日から起算して30日間公衆の縦覧に供しなければならない。

2 事業者は，開発基本計画を届け出たときは，当該届出の日の翌日から起算して7日以内に開発区域内の見やすい場所に，第45条第1項の規定により事業計画案内板を設置するまでの間，規則で定めるところにより，標識を設置しなければならない。

3 事業者は，前項の規定により標識を設置したときは，速やかにその旨を市長に届け出なければならない。

4　事業者は，第２項の規定により標識を設置した日の翌日から起算して14日以内に，近隣住民に対し，説明会を開催して開発基本計画の内容を説明し，当該開発基本計画に関する意見及び要望を聴かなければならない。

5　事業者は，開発基本計画の内容について周辺住民から説明を求められたときは，説明会を開催して当該開発基本計画の内容を説明し，当該開発基本計画に関する意見及び要望を聴かなければならない。

6　事業者は，第４項の説明会の概要並びに近隣住民からの意見及び要望の内容を記載した報告書（以下「近隣住民説明実施報告書」という。）並びに前項の説明会の概要を記載した報告書（以下「周辺住民説明実施報告書」という。）を，規則で定めるところにより，市長に提出しなければならない。

7　市長は，前項の規定により近隣住民説明実施報告書又は周辺住民説明実施報告書が提出されたときは，速やかにその旨を公告するとともに，それぞれの報告書の写しを当該公告の日の翌日から起算して７日間公衆の縦覧に供しなければならない。

（開発事業の事前協議等）

第43条　事業者は，前条第６項の規定による近隣住民説明実施報告書及び周辺住民説明実施報告書の提出後（第59条第２項の規定の適用を受ける開発事業にあっては，前条第３項の規定による届出の日の翌日から起算して７日を経過した後），規則で定めるところにより，開発事業事前協議書（以下「事前協議書」という。）を市長に提出し，市長と協議しなければならない。

2　事業者は，事前協議書の作成に当たっては，近隣住民及び周辺住民の意見及び要望を踏まえ，良好なまちづくりに寄与できるよう努めなければならない。

3　市長は，第１項の規定による協議（以下「事前協議」という。）を行うに当たっては，基本理念にのっとり，市が実施する施策との調和を図るため，事業者に対し，適切な助言又は指導を行うことができる。

4　市長は，事前協議を行うに当たっては，公共施設及び公益施設の整備について，事業者に適切な負担を求めることができる。

（事前協議書の公開）

第44条　市長は，前条第１項の規定により事前協議書が提出されたときは，速やかにその旨を公告し，当該事前協議書の写しを当該公告の日の翌日から起算

して30日間公衆の縦覧に供しなければならない。

（近隣住民への周知等）

第45条　事業者は，第43条第1項の規定により事前協議書を提出したときは，当該提出の日の翌日から起算して7日以内に開発区域内の見やすい場所に，当該開発事業が完了するまでの間，規則で定めるところにより，事業計画案内板を設置しなければならない。

2　事業者は，開発事業について近隣住民から説明を求められたときは，その内容を説明しなければならない。

（開発事業に関する意見書の提出）

第46条　近隣住民は，第44条の公告の日の翌日から起算して14日以内に，開発事業に関する意見書を市長に提出することができる。

2　市長は，前項の規定により意見書が提出がされたときは，同項に規定する期間を経過した後，速やかに，当該意見書の写しを事業者に送付しなければならない。

（開発事業に関する公聴会の開催）

第47条　満20歳以上の近隣住民の過半数の連署を持った近隣住民（以下「連署代表者」という。）又は事業者は，第44条の公告の日の翌日から起算して21日以内に，公聴会の開催を市長に請求することができる。

2　市長は，前項の規定による請求があったときは，規則で定めるところにより，公聴会を開催しなければならない。

3　第1項の規定により公聴会の開催を請求した連署代表者又は事業者（以下「請求者」という。）は，市長から公聴会に出席して意見を述べることを求められたときは，これに応じなければならない。この場合において，市長は，請求者が連署代表者である場合には事業者に対して，請求者が事業者である場合には近隣住民に対して，その出席を求めることができる。

（指導書の交付）

第48条　市長は，まちづくり基本計画，第46条の意見書及び前条の公聴会の内容を踏まえ，開発事業に係る市の指導事項を記載した書面（以下「指導書」という。）を作成し，規則で定める期間内に事業者に交付しなければならない。

2　市長は，前項の規定により指導書を交付したときは，速やかにその旨を公告

するとともに，当該指導書の写しを当該公告の日の翌日から起算して14日間公衆の縦覧に供しなければならない。

3　市長は，第1項の規定による指導書の交付に当たっては，必要に応じて，市民会議の意見を聴くことができる。

（開発事業の申請等）

第49条　事業者は，前条第1項の規定による指導書の交付を受けた後，まちづくり基本計画，第46条の意見書，第47条の公聴会及び前条の指導書の内容を十分尊重して，規則で定めるところにより，開発事業申請書及び指導書に対する見解書（以下「開発事業申請書等」という。）を市長に提出し，市長と協議しなければならない。

2　市長は，前項の規定により開発事業申請書等が提出されたときは，速やかにその旨を公告し，当該開発事業申請書等の写しを当該公告の日の翌日から起算して30日間公衆の縦覧に供しなければならない。

（開発基準の適合審査）

第50条　市長は，前条第1項の規定により開発事業申請書等が提出されたときは，その内容が次に掲げる基準（以下「開発適合審査基準」という。）に適合しているかどうかを審査するものとする。

(1)　別表第2に定める基準のうち次に掲げるもの
1の項，2の項，6の項，7の項及び8の項に定める基準

(2)　別表第3に定める基準のうち次に掲げるもの
1の項，2の項，3の項第1号，4の項第1号から第3号まで，5の項，6の項，8の項，9の項第1号，10の項第1号及び第2号，12の項並びに13の項第1号から第4号までに定める基準

2　第14条第1項に規定する地区まちづくり整備計画又は第16条第1項に規定する都市農地土地利用計画により，前項各号に掲げる基準と異なる基準が定められている地区においては，その異なる基準を開発適合審査基準とみなす。

（開発基準の適合確認通知等）

第51条　市長は，前条第1項の規定による審査の結果，開発適合審査基準に適合していると認めるときはその旨を記載した書面（以下「開発基準適合確認通知書」という。）を，適合していないと認めるときは補正すべき内容及びその

理由並びに補正の期限を記載した書面（以下「開発事業計画補正通知書」という。）を，規則で定める期間内に事業者に交付するものとする。

2　市長は，前項の規定により，開発事業計画補正通知書の交付を受けた事業者が，当該通知の内容に従って補正をしたときは開発基準適合確認通知書を，当該通知の内容に従った補正をしないときはいずれの基準に適合しないかについて記載した書面（以下「開発基準不適合通知書」という。）を事業者に交付するものとする。

3　市長は，前2項の規定により開発基準適合確認通知書又は開発基準不適合通知書を交付したときは，速やかにその旨を公告するとともに，当該通知書の写しを当該公告の日の翌日から起算して14日間公衆の縦覧に供しなければならない。

（開発事業に関する協定）

第52条　市長及び事業者は，第49条第1項の規定による協議が整ったときは，法第29条（開発行為の許可）の規定による許可，建築基準法第6条第1項及び第6条の2第1項の規定による申請その他土地利用に関する法令又は他の条例に基づく申請等を行う前に，当該協議の内容を記載した書面を作成し，協定の締結を行わなければならない。

2　前項の規定は，同項に規定する協定の内容を変更する場合について準用する。ただし，規則で定める軽易な変更については，この限りでない。

（開発事業の変更の申請等）

第53条　事業者は，第49条第1項の規定による申請後から第51条第1項又は第2項の規定による開発基準適合確認通知書の交付を受けるまでの間に，開発事業の計画を変更しようとするときは，遅滞なくその旨を書面により市長に届け出なければならない。ただし，第49条第1項の規定による協議に基づく変更，第51条第1項の規定により交付された開発事業計画補正通知書に基づく変更又は規則で定める軽易な変更をするときは，この限りでない。

2　事業者は，第51条第1項又は第2項の規定による開発基準適合確認通知書の交付後に開発事業の計画を変更しようとするときは，変更の内容等を記載した書面を市長に提出し，変更しようとする内容が開発適合審査基準に適合していることを確認した書面（以下「開発基準適合再確認通知書」という。）

の交付を受けなければならない。ただし，規則で定める軽易な変更については，この限りでない。

　3　事業者は，前2項の規定による届出又は申請の前に，第45条第1項の規定により設置した事業計画案内板に記載された事項の変更を行うとともに，第42条第4項又は第5項に規定する説明を行った者にあっては当該変更した事項を，当該開発事業の計画を変更することにより新たに近隣住民又は周辺住民になる者にあっては当該開発事業の内容を説明しなければならない。

（開発事業に関する工事着手等の制限）

第54条　事業者は，第51条第1項又は第2項に規定する開発基準適合確認通知書の交付を受けた日以後でなければ，開発事業に関する工事に着手してはならない。

　2　事業者は，第52条第1項に規定する協定の締結を行った日以後でなければ，開発事業に関する工事に着手してはならない。

　3　事業者は，第53条第2項に規定する開発基準適合再確認通知書の交付を受けなければならないときは，当該通知書の交付を受けた日以後でなければ開発事業に関する工事に着手してはならない。この場合において，既に開発事業に関する工事に着手しているときは，直ちに当該工事を停止しなければならない。

（工事の施工等）

第55条　事業者は，開発事業に関する工事に着手する前に，当該工事の施工方法等について，近隣住民，周辺住民その他規則で定める者と協議し，工事の施工方法等に関する協定を締結するよう努めなければならない。

　2　事業者は，開発事業に関する工事に着手したときは，規則で定めるところにより，速やかにその旨を市長に届け出なければならない。

　3　事業者は，開発事業に関する工事が完了したときは，規則で定めるところにより，その旨を市長に届け出なければならない。

　4　事業者は，開発事業に関する工事を中断し，又は廃止したときは，規則で定めるところにより，速やかにその旨を市長に届け出るとともに，安全上必要な措置を講じなければならない。

（工事の検査等）

第56条　事業者は，開発事業に関する工事について，規則で定めるところにより，市長が行う中間検査及び完了検査を受けなければならない。

2　市長は，前項の完了検査により，当該工事が開発基準適合確認通知書の内容に適合していると認めるときは完了検査が終了した旨の通知書（以下「完了検査適合通知書」という。）を，適合していないと認めるときはその理由及び期限を付して是正すべき内容を記載した通知書を，規則で定めるところにより，当該事業者に交付しなければならない。

3　事業者は，完了検査適合通知書を交付された日以後でなければ，当該開発事業により建築される建築物又は設置される施設の使用を開始してはならない。ただし，市長がやむを得ないと認めるときは，この限りでない。

（公共施設及び公益施設の管理及び帰属）

第57条　開発事業に係る公共施設及び公益施設は，完了検査適合通知書を交付した日（法第29条に基づく開発許可を要する開発事業にあっては，法第36条（工事完了の検査）第3項の規定による公告の日とする。）の翌日から市の管理に属するものとする。ただし，法律に定めのあるもの又は第52条第1項の規定により締結した協定により別に定めをしたものについては，この限りでない。

2　前項の規定は，同項に規定する公共施設及び公益施設又はその用に供する土地の市への帰属について準用する。

（隣接する市の区域に影響を及ぼす開発事業等の取扱い）

第58条　市長は，市の区域内において行われる開発事業であって隣接する市の区域に影響を及ぼすと認めるもの及び隣接する市の区域内において行われる開発事業であって市の区域に影響を及ぼすと認めるものに関する手続等について，隣接する市の長に対し，協定の締結等必要な措置を講ずるよう協力を求めることができる。

2　事業者は，市の区域内において自らが行う開発事業の影響が隣接する市の区域に及ぶことが予想されるときは，市長及び当該隣接する市の長と協議し，適切な措置を講ずるよう努めなければならない。

（開発事業の手続の特例）

第59条　第41条第1項第4号又は第5号に該当する開発事業にあっては，事業

者が同項の規定による開発基本計画の提出後,第43条第1項に規定する事前協議書を市長に提出し,市長から当該事前協議書の内容について当該開発事業に係るまちづくり計画に明らかに適合していない事項がないと認められ,まちづくり計画確認通知書の交付を受けたときは,第42条から第57条までに規定する手続が行われたものとみなす。

2 開発区域の面積が1,000平方メートル未満の開発事業及び第2条第5号に規定する規則で定める開発事業(墓地の設置を目的とする開発事業を除く。)については,第42条第4項から第7項までの規定は,適用しない。

3 市長は,第42条第6項に規定する近隣住民説明実施報告書及び周辺住民説明実施報告書の内容並びに第42条第7項の規定による縦覧の結果を踏まえ,開発事業について近隣住民及び周辺住民の理解が得られていると認めるときは,事業者からの申請に基づき第46条から第48条までに規定する手続を適用しないこと(以下「開発事業の速達手続」という。)ができる。

4 市長は,前項の規定による開発事業の速達手続を行うときは,その旨を公告するとともに,当該事業者に通知しなければならない。

5 満20歳以上の近隣住民の3分の2以上の連署を持った近隣住民は,第49条第2項の公告の日の翌日から起算して14日以内に,規則で定めるところにより,市長に対し,第49条第1項の開発事業申請書の内容を再考するよう事業者に要請することを記載した書面(以下「開発事業申請再考要請書」という。)を提出することができる。

6 市長は,前項の規定により開発事業申請再考要請書が提出されたときは,事業者に対し,開発事業申請書の内容を再考するよう要請するとともに,良好なまちづくりを推進する観点から,事業者及び近隣住民に対し,必要な助言又は提案を行うことができる。

7 市長は,前項の規定による助言又は提案を行うに当たっては,あらかじめ,市民会議の意見を聴かなければならない。

(開発事業手続台帳の公表)

第60条 市長は,開発事業に関する手続の透明性を確保するため,第41条第1項の開発基本計画の届出,第43条第1項の事前協議書の提出,第48条第1項の指導書の交付,第49条第1項の開発事業申請書等の提出その他規則で定

める開発手続の状況を記載した開発事業手続台帳を作成し，公表するものとする。

第4節　大規模土地取引行為の届出等

（大規模土地取引行為の届出）

第61条　5,000平方メートル以上の土地に関する所有権，地上権若しくは賃借権又はこれらの権利の取得を目的とする権利（以下「土地に関する権利」という。）の移転又は設定（対価を得て行われるものに限る。）を行う契約（予約を含む。以下「大規模土地取引行為」という。）を締結して，土地に関する権利を移転しようとする者は，当該大規模土地取引行為の日の3月前までに，規則で定めるところにより，その内容を市長に届け出なければならない。

（大規模土地取引行為の届出に関する助言）

第62条　市長は，前条の規定による届出があったときは，まちづくり基本計画に照らし，当該届出に係る内容について助言を行うことができる。

2　市長は，前項の助言を行うに当たっては，あらかじめ，市民会議の意見を聴かなければならない。

第5節　大規模開発事業の特例

（土地利用構想の届出等）

第63条　次に掲げる開発事業（以下「大規模開発事業」という。）を行おうとする者（以下「大規模開発事業者」という。）は，第41条第1項の規定による開発基本計画の届出前に，規則で定めるところにより，当該大規模開発事業に係る土地利用構想を市長に届け出て，この節に規定する手続を完了しなければならない。

(1)　開発区域の面積が5,000平方メートル（国分寺崖線区域内にあっては3,000平方メートル）以上の開発事業

(2)　共同住宅で計画戸数が100戸（国分寺崖線区域内にあっては60戸）以上の開発事業又は床面積の合計が10,000平方メートル（国分寺崖線区域内にあっては6,000平方メートル）以上の開発事業

(3)　店舗面積の合計が1,000平方メートル以上（法第8条第1項第1号に規定する商業地域又は近隣商業地域で行う開発事業を除く。）の開発事業

(4)　開発区域の面積が2,000平方メートル以上の新たな墓地の設置（既存墓地

の拡張を除く。）を目的とする開発事業

2　前項の規定は，地区まちづくり計画，都市農地まちづくり計画又は推進地区まちづくり計画が定められた地区内で行う大規模開発事業であって，当該大規模開発事業の内容が，当該それぞれのまちづくり計画に適合していると市長が認めるときは，適用しない。

（土地利用構想の公開等）

第64条　市長は，前条第1項の規定による土地利用構想の届出があったときは，速やかにその旨を公告するとともに，当該土地利用構想の写しを当該公告の日の翌日から起算して21日間公衆の縦覧に供するものとする。

2　大規模開発事業者は，前項に規定する期間内に，前条第1項の規定により届け出た土地利用構想を市民等に周知させるため，説明会を開催しなければならない。

3　大規模開発事業者は，前項に規定する説明会を開催したときは，開催日の翌日から起算して7日以内に，規則で定めるところにより，当該説明会の開催結果を市長に報告しなければならない。

（大規模開発事業に関する意見書の提出）

第65条　市民等は，前条第1項の公告の日の翌日から起算して30日以内に，市長に対し，良好なまちづくりを推進する観点から大規模開発事業に関する意見書を提出することができる。

2　市長は，前項の規定により意見書が提出されたときは，前項に規定する期間満了後速やかに，当該意見書の写しを大規模開発事業者に送付しなければならない。

（大規模開発事業に関する意見書に対する見解書の提出）

第66条　大規模開発事業者は，前条第2項の規定による意見書の写しの送付を受けたときは，当該意見書に対する見解書を市長に提出しなければならない。

2　市長は，前項の規定により見解書が提出されたときは，速やかにその旨を公告するとともに，当該見解書及び意見書の写しを当該公告の日の翌日から起算して14日間公衆の縦覧に供しなければならない。

（大規模開発事業に関する公聴会の開催）

第67条　市長は，第64条第3項の規定による報告，第65条第1項の意見書及び

前条第1項の見解書の内容を考慮し，必要があると認めるときは，公聴会を開催することができる。

2　大規模開発事業者は，前項の公聴会に出席して意見を述べるよう市長から求められたときは，これに応じなければならない。

3　前2項に定めるもののほか，公聴会の開催方法等について必要な事項は，規則で定める。

（土地利用構想に関する助言又は指導）

第68条　市長は，第63条第1項の規定による土地利用構想の届出があった場合において，当該土地利用構想がまちづくり基本計画に適合していないと認めるときは，当該土地利用構想を届け出た大規模開発事業者に対し，当該土地利用構想をまちづくり基本計画に適合させるために必要な助言又は指導を行うことができる。

2　市長は，前項の助言又は指導を行うに当たっては，あらかじめ，市民会議の意見を聴かなければならない。

第6節　開発事業の基準

（開発事業の基準の遵守）

第69条　この節（第72条及び第73条を除く。）の規定は，第41条第1項第1号から第3号まで及び第6号に該当する開発事業について適用する。

2　事業者は，この節及び次節に定める基準並びに規則で定める基準（以下「開発事業の基準」と総称する。）に従い，開発事業を行わなければならない。

3　地区計画等の地区整備計画若しくは建築協定又は第12条に規定するまちづくり計画に基づき，前項に規定する開発事業の基準と異なる基準が定められている区域については，その異なる基準を開発事業の基準とみなす。

（公共施設及び公益施設の整備基準等）

第70条　事業者は，別表第2に定める公共施設及び公益施設の整備基準に従い，開発事業を行わなければならない。ただし，第2条第5号に規定する規則で定める開発事業については，同表の1の項に定める基準に限り適用するものとする。

2　事業者は，市長から学校用地及び学校施設の負担について協議を求められたときは，これに応じなければならない。

（開発事業の整備基準）

第71条　事業者は，別表第3に定める開発事業の整備基準に従い，開発事業を行わなければならない。ただし，第2条第5号に規定する規則で定める開発事業については，同表の12の項に定める基準に限り適用するものとする。

2　前項ただし書の規定にかかわらず，第2条第5号に規定する規則で定める開発事業であって，墓地の設置を目的とするものについては，別表第3の13の項に定める基準に限り適用するものとする。

（安全・安心のまちづくりに関する意見）

第72条　事業者は，第41条第1項第3号に規定する共同住宅の建築その他規則で定める開発事業を行うときは，第49条第1項の規定により開発事業申請書等を提出する前に，犯罪の防止に配慮した計画，設備等について，所轄の警察署長の意見を求めなければならない。

（緑と水のまちづくりへの協力）

第73条　事業者は，第41条第1項第3号に規定する共同住宅の建築又は戸建住宅の建築を目的とした開発事業（宅地の区画数が16以上のものに限る。）を行うときは，規則で定めるところにより，市の地域資産である緑と水のまちづくりに寄与する環境整備を行うものとする。

2　前項の規定にかかわらず，市長が特に認めたときは，事業者は，前項の環境整備を別表第7に定める緑と水のまちづくり協力金の提供に代えることができる。

第7節　都市計画法に定める開発許可の基準

（都市計画法に定める開発許可の基準）

第74条　この節の規定は，法第29条の規定による開発許可が必要な開発行為について，法第33条（開発許可の基準）第3項の規定による技術的細目において定められた制限の強化に関する基準及び同条第4項の規定による開発区域内において予定される建築物の敷地面積の最低限度に関する制限について必要な事項を定める。

（道路の幅員）

第75条　施行令第29条の2（法第33条第3項の政令で定める基準）第1項第2号の規定に基づき，開発区域内に整備される小区間で通行上支障がない場合

の道路の幅員は，6メートル以上とする。
2　前項の規定にかかわらず，開発区域内に整備される道路が次の各号のいずれかに該当するときは，当該各号に定める幅員とすることができる。
(1)　2以上の開発区域以外の道路に接続し，延長が60メートル以下のとき5メートル以上
(2)　開発区域がその外周の4分の1以上既存道路に接しており，その既存道路を規則で定める基準により後退し，道路又は緑地を設けるとき5メートル以上

（袋路状道路の技術的細目）
第76条　施行令第29条の2第1項第12号の規定に基づき，道路を袋路状とするときは，次の各号のいずれかに該当しなければならない。
(1)　道路の延長（袋路状とする道路が既存の幅員6メートル未満の袋路状道路（以下「既存袋路状道路」という。）に接続する場合には，既存袋路状道路が他の道路に接続するまでの部分の延長を含む。以下同じ。）が35メートル以下であること。
(2)　道路の延長が35メートルを超え，120メートル以下の場合であって，その終端及び35メートル以内の区間ごとに1箇所以上の有効な自動車の転回広場を設け，かつ，終端又は終端の直近に設けた転回広場のうち1箇所以上のものに接続して，開発区域の境界線に至る道路予定地が設けられていること。
(3)　道路の延長が70メートル以下の場合であって，その終端及び35メートル以内の区間ごとに1箇所以上の有効な自動車の転回広場を設け，他の道路又は公園若しくは広場に接続する幅員2メートル以上の避難通路が設けられていること。
(4)　地区計画等の地区整備計画又はまちづくり計画に基づく事業計画のある道路で，2年以内にその事業が執行される予定のものとして市長が認めるものに接続が予定されていること。

（公園等の基準）
第77条　施行令第29条の2第1項第5号及び第6号の規定に基づき設置すべき公園，緑地又は広場（以下「公園等」という。）の規模は，次のとおりとする。
(1)　設置すべき公園等の面積は，当該開発区域の面積の6パーセント以上とする。

(2) 開発区域の面積が3,000平方メートル以上50,000平方メートル未満の開発行為の場合における公園等の1箇所当たりの面積の最低限度は，180平方メートルとする。

(開発区域内の建築物の敷地面積の最低限度)

第78条 法第33条第4項の規定に基づく建築物の敷地面積の最低限度は，開発区域の面積の規模に応じ，次の各号の表の右欄に定める面積とする。ただし，全区画数の10分の7以上の区画が，次の各号の表の右欄に定める面積以上であって，かつ，全区画の10分の3以下の区画が，次の各号の表の右欄に定める面積の10分の9以上である場合には，全区画の平均面積をもって次の各号の表の右欄に定める面積とすることができる。

(1) 開発区域の面積が3,000平方メートル未満の場合
(2) 開発区域の面積が3,000平方メートル以上の場合
区域敷地面積の最低限度第1種低層住居専用地域145平方メートル
第1種中高層住居専用地域，第2種中高層住居専用地域，第1種住居地域，第2種住居地域及び準工業地域135平方メートル近隣商業地域125平方メートル

2 開発区域が前項の区域の2以上にわたる場合については，当該開発区域に占める面積が最も大きい区域の敷地面積の最低限度を適用する。

第8節 開発事業に係る紛争調整

(計画等における配慮事項)

第79条 事業者は，開発事業の計画及び工事の実施に当たっては，紛争を未然に防止するため，当該開発事業の規模及び地域の特性に応じ，次に掲げる措置その他周辺の住環境に影響を及ぼすと予想される事項に関する適切な措置を講ずるよう配慮するとともに，良好な近隣関係の保持に努めなければならない。

(1) 近隣住民の住居の日照に及ぼす影響を軽減させること。
(2) 近隣住民の住居の居室を観望できにくいようにすること。
(3) 近隣に騒音，振動，排気ガス及び粉じんを拡散させないようにすること。
(4) 開発区域に隣接する道路の交通の安全を確保すること。

区域敷地面積の最低限度
第1種低層住居専用地域135平方メートル

（130平方メートル）

第1種中高層住居専用地域，第2種中高層住居専用地域，第1種住居地域，第2種住居地域及び準工業地域 125平方メートル

（120平方メートル）

近隣商業地域 115平方メートル

（110平方メートル）

備考 括弧内の数値は，開発区域の面積が1,000平方メートル未満 の場合について適用する。

(5) 建築物等の意匠，色彩等を周辺の景観と調和させること。

（あっせん）

第80条　市長は，第49条第1項の規定により開発事業申請書等が提出された日以後において，近隣住民及び事業者（以下「紛争当事者」という。）の双方から当該開発事業に係る紛争の調整の申出があったときは，あっせんを行うものとする。紛争当事者の一方から調整の申出があった場合で，相当の理由があると認めるときも同様とする。

2　市長は，紛争当事者間の調整を行うため，国分寺市開発事業紛争調整相談員（以下「紛争調整相談員」という。）を設置する。

3　市長は，紛争のあっせんのために必要があると認めるときは，紛争当事者に対し，意見を聴くために出頭を求め，及び必要な資料の提出を求めることができる。

4　市長は，紛争のあっせんを行うに当たっては，紛争当事者の双方の主張の要点を確かめ，紛争が適正に調整されるよう努めなければならない。

5　市長は，あっせんによる紛争の解決の見込みがないと認めるときは，あっせんを打ち切るものとする。

（調停）

第81条　市長は，前条第5項の規定によりあっせんを打ち切った場合において，必要があると認めるときは，紛争当事者に対し，調停に移行するよう勧告することができる。

2　市長は，紛争当事者の双方が前項の規定による勧告を受諾したときは，調停を行うものとする。紛争当事者の一方が勧告を受諾しない場合であって，相

当の理由があると認めるときも同様とする。
3　市長は，調停のために必要があると認めるときは，紛争当事者に対し，意見を聴くために出頭を求め，及び必要な資料の提出を求めることができる。
4　市長は，調停を行うに当たり必要があると認めるときは，調停案を作成し，紛争当事者に対し，期間を定めてその受諾を勧告することができる。
5　市長は，調停を行うに当たっては，次条の規定により設置された国分寺市開発事業調停委員会の意見を聴かなければならない。
6　市長は，紛争当事者間に合意が成立する見込みがないと認めるとき，又は第4項の規定による勧告が行われた場合であって，定められた期間内に紛争当事者の双方から受諾する旨の申出がないときは，調停を打ち切ることができる。

（開発事業調停委員会の設置及び組織）
第82条　開発事業に係る調停に関する事項を審議するため，国分寺市開発事業調停委員会（以下「調停委員会」という。）を設置する。
2　調停委員会は，市長の諮問に応じ，前条第5項の規定により市長が意見を聴くこととされた事項について審議し，答申する。
3　調停委員会は，調停委員3人をもって組織し，識見を有する者のうちから市長が委嘱する。
4　調停委員の任期は，2年とし，再任を妨げない。ただし，補欠の調停委員の任期は，前任者の残任期間とする。
5　調停委員会に委員長を置き，調停委員の互選によりこれを定める。
6　委員長は，調停委員会を代表し，会務を総理する。

（調停委員会の会議等）
第83条　調停委員会の会議は，委員長が招集し，委員長は，会議の議長となる。
2　調停委員会の会議は，調停委員全員の出席をもって開くものとする。
3　調停委員会の議事は，調停委員の過半数で決し，可否同数のときは，委員長の決するところによる。
4　調停委員会は，会議の運営上必要があると認めるときは，調停委員以外の者を会議に出席させ，その意見を聴き，又は調停委員以外の者から資料の提出を求めることができる。
5　調停委員会の会議は，公開する。ただし，国分寺市附属機関の設置及び運営

の基本に関する条例第5条ただし書の規定に該当する場合は，当該会議の全部又は一部を公開しないことができる。
　6　調停委員会の庶務は，都市建設部都市計画課において処理する。
（あっせん又は調停のための要請）
第84条　市長は，あっせん又は調停のために必要があると認めるときは，紛争調整相談員又は調停委員会の意見を聴いて，紛争当事者に対し，期間を定めてあっせん又は調停の内容の実現を不能にし，又は著しく困難にする行為の制限その他あっせん又は調停のために必要があると認める措置を講ずるよう要請することができる。

狛江市まちづくり条例

（網掛け部分を抜粋版）

平成 15 年 3 月 31 日
条例第 12 号

目次
前文
第 1 章　総則（第 1 条—第 5 条）
第 2 章　まちづくりの施策等（第 6 条・第 7 条）
第 3 章　狛江市まちづくり委員会（第 8 条—第 12 条）
第 4 章　地区のまちづくり（第 13 条—第 21 条）
第 5 章　テーマ型まちづくり（第 22 条—第 24 条）
第 6 章　開発等協議（第 25 条—第 48 条）
第 7 章　雑則（第 49 条—第 57 条）
付則

前文

　狛江市は，市の南西を多摩川が流れ，自然環境に恵まれ，古墳等の歴史遺産が多く残る住宅都市です。首都圏の住宅地として東京の拡大とともに発展し，都市基盤の整備が進んできました。しかしその反面，緑や農地の減少など，豊かな自然環境が失われつつあります。私たちは，こうした狛江固有の地域性や歴史性を踏まえ，市民，事業者及び市のそれぞれがまちづくりの主体であるとの認識のもと，熱意，創意そして狛江への愛情によって狛江のまちをつくり，育て上げ，次世代に引き継いでいく責務があります。また，私たちは，土地は私有財産であっても，

その利用に当たっては高い公共性が優先されるとの基本認識に立ち，良好な環境を形成するよう努めなければなりません。「水と緑の住宅都市」を目指す私たちは，これまでの市民活動の蓄積を踏まえ，みず，みどり，すまいの調和を求め，「いつまでも安心して住み続けられるやすらぎのあるまち」づくりを実現するための道すじとして，ここに狛江市まちづくり条例を定めます。

第6章 開発等協議

（適用範囲）

第25条 この章の規定は，市内で行われる次の各号に掲げる事業（以下「開発等事業」という。）に適用する。

(1) 都市計画法（昭和43年法律第100号）第4条第12項に規定する開発行為で、事業施行面積が500平方メートル以上のもの

(2) 建築基準法（昭和25年法律第201号）第2条第13号に規定する建築で，次のいずれかに該当するもの

　ア　15戸以上の共同住宅，長屋，寄宿舎，下宿その他これらに類するもの
　イ　高さ（建築基準法施行令（昭和25年政令第338号。以下「政令」という。）第2条第1項第6号に規定する建築物の高さをいう。）が10メートルを超えるもの
　ウ　階数が地上4階建て以上のもの
　エ　延べ床面積（政令第2条第1項第4号に規定する床面積の合計をいう。）が300平方メートル以上のもの

(3) その他土地利用の変更及び工作物の設置等で，環境に著しい影響を与えるおそれのあるものとして規則で定めるもの

（開発等事業の届出）

第26条 事業者は，開発等事業を行おうとするときは，規則で定めるところにより，開発等事業届出書（以下「届出書」という。）を市長に提出しなければならない。

（標識板の設置）

第27条　事業者は，前条による届出書の提出から7日以内に，規則で定めるところにより，標識板を設置しなければならない。

2　事業者は，前項の規定により標識板を設置したときは，規則で定めるところにより，市長へ報告しなければならない。

（説明会の開催）

第28条　事業者は，前条第1項による標識板の設置から7日以上経過後，規則で定めるところにより，説明会を開催しなければならない。

2　事業者は，説明会の開催にあたっては，近隣住民等と誠実な協議を行い，開発等事業の計画について合意に努めなければならない。

（事前協議）

第29条　事業者は，前条による説明会の終了後，規則で定めるところにより，事前協議申請書（説明会報告書及び事業計画書を含む。以下「申請書」という。）を市長に提出し，事業計画及び近隣住民等との合意について，市長と協議しなければならない。

2　前項の協議は，第6条の施策等に基づいて行うものとする。

3　市長は，申請書が提出されたときは，その旨を公告し，申請書を，当該公告の日から2週間縦覧に供しなければならない。

（開発等事業に対する意見）

第30条　近隣住民及び市民等は，開発等事業に意見を有するときは，前条第3項による縦覧の期間満了の日までに，その意見を記載した書面（以下「事業意見書」という。）を市長に提出することができる。

2　市長は，事業意見書が提出されたときは，速やかに，事業意見書の写しを事業者に送付するものとする。

3　事業者は，事業意見書の写しが送付されたときは，当該意見に対する回答を記載した書面（以下「事業回答書」という。）を市長に提出しなければならない。

4　市長は，事業回答書が提出されたときは，速やかに，事業回答書の写しを，当該事業意見書を提出した者に送付するものとする。

5　市長は，規則で定めるところにより，事業意見書及び事業回答書の写しを，縦覧に供するものとする。

6　市長は，事業意見書に相当の理由があると認めるときは，前条第1項の協議において当該意見に配慮するものとする。

（事前協議報告）

第31条　市長は，近隣住民による事業意見書が提出された開発等事業について第29条第1項の協議を終了しようとするときは，規則で定めるところにより，事前協議報告書（以下「報告書」という。）を作成し，その旨を公告し，報告書を，当該公告の日から2週間縦覧に供しなければならない。2　市長は，前項に該当しない開発等事業については，前条の手続きの終了の後，適切と認めるときに，協議を終了することができる。

（報告書に対する意見）

第32条　近隣住民は，報告書に意見を有するときは，前条第1項による縦覧（以下「報告書縦覧」という。）の期間満了の日までに，その意見を記載した書面（以下「協議意見書」という。）を市長に提出することができる。

2　市長は，協議意見書が提出されたときは，遅滞なく，当該意見に対する回答を記載した書面（以下「協議回答書」という。）を，協議意見書の提出者に送付しなければならない。

3　市長は，規則で定めるところにより，協議意見書及び協議回答書の写しを，縦覧に供するものとする。

4　市長は，報告書縦覧の期間満了の後，協議を終了することができる。ただし，協議意見書が提出されたときは，協議回答書の送付の日から2週間を経なければ協議を終了してはならない。

（協議の継続）

第33条　市長は，協議意見書に相当の理由があり，協議を継続する必要があると認めるときは，事業者と協議を継続しなければならない。

2　前項の規定により継続した協議を終了しようとするときは，第31条第1項及び前条の規定を準用する。

（協定）

第34条　事業者と市長は，第26条から前条までの手続きが終了したときは，合意した事項について，協定を締結するものとする。ただし，第41条による請求がなされたときは，第43条第2項の公告の後に協定を締結するものとする。

2　市長は，前項の協定（以下「事業協定」という。）を締結したときは，その旨を公告し，規則で定めるところにより，当該事業協定を縦覧に供しなければならない。

（事業着手の制限）

第35条　事業者及び工事施行者は，事業協定の締結以後でなければ開発等事業に着手してはならない。

（工事の施工方法等に関する覚書等）

第36条　事業者と近隣住民は，開発等事業に係る工事の施工方法等について覚書等を取り交わすよう努めなければならない。

（着手届）

第37条　事業者は，開発等事業に着手しようとするときは，規則で定めるところにより，着手届を市長に提出しなければならない。

（開発等事業の変更）

第38条　事業者は，届出書の提出後，開発等事業の内容を変更しようとするときは，届出書を再提出しなければならない。ただし，近隣住民等との協議に基づく変更，第29条第1項の協議に基づく変更及び軽微な変更については，規則で定めるところにより，事業計画変更届（以下「変更届」という。）の提出によることができる。

2　届出書の再提出があったときは，第27条から前条までの規定を準用する。3　第1項ただし書により変更届の提出があったときは，第27条による標識板の設置後であれば事業者はその内容を変更しなければならない。また，第34条第1項による協定の締結後であれば事業者と市長は，規則で定めるところにより，協定を変更しなければならない。

（完了届）

第39条　事業者は，開発等事業が完了したときは，完了の日から7日以内に，規則で定めるところにより，完了届を市長に提出しなければならない。

（完了検査）

第40条　市長は，開発等事業について，必要と認めるときは，前条による完了届の受領の後，規則で定めるところにより，事業協定の遵守状況等について検査を行うことができる。

（調整会の開催請求）

第41条　近隣住民は，開発等事業について事業者と協議し，合意を形成することを目的として，市長に対し，委員会に次条に規定する調整会の開催を要請するよう求めることができる。

2　前項の求めは，第29条第3項の公告の日の後，事業協定が締結される前に行わなければならない。

3　事業者は，第29条第1項の協議が整わないとき，又は近隣住民との合意が困難なときは，市長に対し，委員会に調整会の開催を要請するよう求めることができる。

4　市長は，第1項又は前項の求めを受けたときは，委員会に対し，調整会の開催を要請するものとする。

5　市長は，本条例の目的を達成するため必要があると認めるときは，委員会に対し，調整会の開催を要請することができる。

（調整会）

第42条　委員会は，前条第4項又は第5項の要請を受けたときは，その委員の中から，調整会の委員3名以上を選出し，調整会を開催するものとする。

2　調整会は，近隣住民，事業者，市長その他の関係人又はこれらの者の代理人の出席を求めて，公開による口頭審理を行うものとする。

3　調整会は，市民及び有識者等に対し，調整会において，開発等事業について，意見を陳述し，又は情報を提供することを求めることができる。

4　調整会は，近隣住民，事業者及び市長に対し，必要な助言，あっ旋又は勧告を行うことができる。

5　近隣住民，事業者及び市長は，調整会の審理に協力するとともに，調整会の勧告を尊重しなければならない。

6　前5項に定めるもののほか，調整会の組織及び運営に関し必要な事項は，規則で定める。

（調整会報告書）

第43条　調整会は，調整会の終了の後，調整会の議事の要旨，関係人の合意事項，調整会の意見又は勧告，その他必要な事項を記載した報告書（以下「調整会報告書」という。）を作成し，市長に提出するものとする。

2　市長は，調整会報告書が提出されたときは，その旨を公告し，規則で定めるところにより，調整会報告書を縦覧に供しなければならない。

（小規模開発等事業）

第44条　次の各号に掲げる事業を小規模開発等事業という。

(1)　開発等事業に該当しないすべての共同住宅の建築

(2)　地区まちづくり計画策定地区内の，開発等事業に該当しないすべての建築物

2　小規模開発等事業を行おうとする事業者は，規則で定めるところにより，小規模開発等事業届出書を市長に提出しなければならない。

3　事業者は，前項による届出書の提出から7日以内に，規則で定めるところにより，標識板を設置しなければならない。

（小規模開発等事業に対する意見）

第45条　近隣住民は，小規模開発等事業に意見を有するときは，前条第3項による標識板が設置された日から7日以内に，その意見を記載した書面（以下「小規模開発等事業意見書」という。）を市長に提出することができる。

2　市長は，前項による小規模開発等事業意見書に相当の理由があると認めるときは，当該小規模開発等事業の事業者と調整を行うよう努めるものとする。

（小規模開発等事業適合通知書）

第46条　市長は，小規模開発等事業が第6条の施策等に適合すると認めるときは，前条第1項の期間が経過した後，規則で定めるところにより，小規模開発等事業適合通知書（以下「適合通知書」という。）を事業者に交付するものとする。ただし，前条第2項による調整を行ったときはその調整後に適合通知書を交付するものとする。

（事前協議対象事業の認定）

第47条　市長は，小規模開発等事業が周辺の環境に著しい影響を与えるおそれがあり，かつ，第6条の施策等に明らかに適合しないとき又は事業者が第45条第2項の調整に正当な理由がなく応じないときは，当該小規模開発等事業の事業者の意見を聴いたうえで，小規模開発等事業を事前協議対象事業として認定することができる。

2　市長は，前項による認定を行ったときは，規則で定めるところにより，事前

協議対象事業認定通知書を事業者に交付するものとする。

3　第1項により事前協議対象事業と認定された小規模開発等事業については，第44条第2項の小規模開発等事業届出書を第26条の届出書とみなし，第28条から第43条までの規定を準用する。

（事業着手の制限）

第48条　事業者及び工事施行者は，適合通知書を受領した後でなければ小規模開発等事業に着手してはならない。

逗子市まちづくり条例
（網掛け部分の抜粋版）

（平成14年3月6日逗子市条例第4号）
改正 平成17年3月25日条例第8号（平成17年7月1日施行）
改正 平成18年3月10日条例第6号（平成18年4月1日施行）
改正 平成20年6月24日条例第14号（平成20年10月1日施行）

目次
前文
第1章　総則（第1条～第6条）
第2章　計画的なまちづくりの推進
　第1節　まちづくり基本計画（第7条）
　第2節　推進地区基本計画（第8条・第9条）
第3章　市民によるまちづくりの推進
　第1節　地区まちづくり協議会（第10条～第14条）
　第2節　テーマ型まちづくり協議会（第15条・第16条）
第4章　地区計画等の案の作成手続等（第17条）
第5章　開発事業の手続等
　第1節　開発事業の適用対象（第18条）
　第2節　開発事業の手続（第19条～第35条）
　第3節　開発事業の基準等（第36条～第47条）
　第4節　土地取引行為の届出（第47条の2）
　第5節　小規模開発事業の手続（第48条）
第6章　紛争調整（第49条～第52条）
第7章　雑則（第53条～第63条）
第8章　罰則（第64条・第65条）
附則

前文

　逗子市の豊かな自然は，そこに居住してきた市民が生活する上で日常的に触れ，創造的に育んできた自然である。言い換えれば遠方に出かけて仰ぎ見，感嘆する自然ではなく，庭先に立ち，街路を歩き，岸壁に休んでほとんど無意識に視界にとらえる住宅街を埋める木々の緑であり，三方を取り囲む低い稜線であり，相模湾に開けた砂浜を洗う波涛である。この自然は，生活に溶け込んでいるが故に，慌ただしい市民生活で派生するいら立ち・心的ストレスを和らげ，身体的な病すらいやしてきた。それは逗子市が，日本の近代化をくぐった百年にも及ぶ長い年月，その風波に最も強くさらされた首都圏の，身近で豊潤な保養地・療養地の役割を担ってきた歴史に如実に込められている。

　逗子市のまちづくりを担う者は，市民生活に溶け込んだ自然が近代市民生活の心的・肉体的病をいやしてきた歴史を自覚し，自己抑制と全体の調和に心して逗子市のかけがえのない遺産を次世代に引き継がなければならない。

　その使命が生かされるためには，まずなにより逗子市に居住する市民の主体的な参画が不可欠の要件である。

　具体的には，「土地については公共の福祉を優先させるものとする」という理念を踏まえ，本市のあるべき都市像を定めた基本構想と環境の保全及び創造についての基本理念に基づき，市民，事業者及び市は協働して取り組んでいかなければならない。

第5章　開発事業の手続等

第1節　開発事業の適用対象

（適用対象）

第18条　次節に定める開発事業の手続及び第3節に定める開発事業の基準等は次に定める開発事業に適用される。

(1)　開発行為で，開発区域の面積が300平方メートル以上のもの

(2)　建築行為で，次の各号のいずれかに該当するもの

ア　建築物であって，その高さ（建築基準法施行令（昭和25年政令第338号）第2条第1項第6号に規定する建築物の高さをいう。）が10メートル以上のもの
　イ　共同住宅，長屋，寄宿舎，下宿その他これらに類する用途に供する建築物（以下「共同住宅等」という。）又は事務所，事業所，店舗等の非居住部分と住居部分とが一体となった建築物（以下「併用住宅」という。）で当該計画戸数が8戸（1区画100平方メートル以上の非居住部分にあっては，当該床面積が100平方メートルをもって1戸と換算する。）以上のもの
　ウ　建築物の延べ面積が，1,000平方メートル以上のもの
(3)　宅地造成等規制法（昭和36年法律第191号）の規定により許可申請を要する行為（以下「宅地造成行為」という。）で，区域の面積が300平方メートル以上のもの
(4)　建築物で，その周辺の地表面の勾配が30度を超え，かつ，建築物に接する地表面の高低差が3メートルを超えるもの。ただし，車庫等で延べ面積が33平方メートル未満で，かつ，階高3メートル以下のものを除く。
(5)　建築基準法第88条の規定により同法第6条の確認の申請が必要となる工作物。ただし，別に規則で定める工作物を除く。
2　同一又は共同性を有する事業者が一体的利用がなされていた土地，所有者が同一であった土地又は隣接した土地において同時若しくは連続して行う開発行為及び宅地造成行為（以下「開発行為等」という。）であって，全体として一体的土地利用又は一体的造成を行うとみなされる場合は，一の開発行為等とみなす。この場合において，開発行為等には予定されているものを含み，市長は，必要があると認めるときは，土地の所有権等を証する書類の提出を求めることができる。
3　前項の規定にかかわらず，先行する開発行為の目的とするすべての建築物の建築基準法第7条第5項の規定による検査済証が交付された後に行う開発行為又は同検査済証が交付される前であって，次の各号のいずれかに該当する開発行為等については，一の開発行為等とみなさない。
(1)　連続した開発行為等を行う場合で，先行する開発行為等が宅地造成等規制法の規定による許可を要する開発行為等である場合において，同法第12条第

２項の検査済証の交付後１年６月を経過した後に行う開発行為等
(2) 連続した開発行為等を行う場合で，先行する開発行為等が建築基準法第42条第１項第５号の規定により道の位置の指定を受けた場合において，当該指定の公告後１年６月を経過した後に行う開発行為等

第２節　開発事業の手続
（開発事業の構想の届出等）
第19条　開発事業を行おうとする事業者は，当該開発事業に係る設計等に着手する前に，規則で定める事項を記載した開発事業の構想届出書（以下「構想届出書」という。）を市長に提出しなければならない。ただし，前条第１項第３号に規定する開発事業で区域の面積が500平方メートル未満で同項第１号に該当しないもの，同項第４号に規定する開発事業で同項第２号に該当しないもの及び同項第５号に規定する開発事業で高さ30メートル未満又は築造面積が500平方メートル未満のもの（以下「特定小規模開発事業」という。）はこの限りでない。
２　市長は，構想届出書の提出があったときは，遅滞なくその構想届出書の概要を告示するものとする。

（開発事業の構想の周知等）
第20条　事業者は，構想届出書を提出したときは，当該提出の日の翌日から起算して５日以内に当該開発事業の区域内の見やすい場所に，当該構想届出書の内容を明示した構想表示板を設置しなければならない。
２　事業者は，構想届出書の内容について，関係住民から当該開発事業の構想に係る説明を求められたときは，当該構想届出書の内容について説明しなければならない。ただし，当該開発事業が開発行為を伴うものであって，開発区域の面積の合計が1,000平方メートル以下の開発事業又は当該開発事業が開発行為を伴わないものであって，建築物の高さが12メートル以下で，かつ，建築物の床面積の合計が500平方メートル以下である開発事業（以下「中規模開発事業」という。）については，この限りでない。

（開発事業事前相談申出書の提出等）
第21条　事業者は，前２条の手続を完了したときは，当該開発事業に係る法令に

基づく許可，認可，確認その他これらに類する行為の申請等（以下「許認可の申請等」という。）及び第23条第1項に規定する事前協議申請書の提出に先立ち，規則で定める事項を記載した開発事業事前相談申出書（以下「事前相談申出書」という。）を市長に提出しなければならない。ただし，特定小規模開発事業についてはこの限りでない。

2 事前相談申出書を提出しようとする事業者は，あらかじめまちづくり基本計画及び計画等について，市から説明を受けるとともに，事前相談申出書の内容がまちづくり基本計画及び計画等に適合したものとなるよう努めなければならない。

3 市長は，事前相談申出書の提出があったときは，遅滞なく当該事前相談申出書の概要を告示するものとする。

（説明会の開催等）

第22条 事業者は，事前相談申出書を提出したときは，速やかに近隣住民に対し工事施工計画の概要を含めた開発事業の内容について説明会を開催し，十分に協議を行うとともに，その同意を得るように努めなければならない。ただし，中規模開発事業及び第18条第1項第5号に規定する工作物で高さ30メートル以上又は築造面積が500平方メートル以上のものであって，当該関係住民から説明会の開催について要請がないとき又は市長が特に認めたときは，説明会に代えて他の方法によることができるものとする。

2 事業者は，事前相談申出書を提出したときは，速やかに，開発事業の区域内の見やすい場所に当該事前相談申出書の概要を明示した表示板を設置しなければならない。

3 事業者は，その開発事業について周辺住民から説明を求められたときは，工事施工計画の概要を含めた開発事業の内容について説明会の開催等適切な方法によりその理解を得るように努めなければならない。

4 第1項及び前項の規定に基づく説明会の開催は，逗子市の良好な都市環境をつくる条例（平成4年逗子市条例第18号。以下「つくる条例」という。）第9条の規定による説明会の開催と併せて行うことができるものとする。

5 事業者は，前項の説明会を開催する日時，場所その他規則で定める事項について市長に届け出なければならない。

6　事業者は，第1項及び第3項の説明会を開催したときは，その内容を具体的に記述した報告書を市長に提出しなければならない。

（事前協議）

第23条　前4条の手続（当該開発事業がつくる条例の対象事業となるときは，前4条の手続及び同条例に基づく完了書の交付までの手続）が完了した事業者又は特定小規模開発事業を行おうとする事業者は，速やかに規則で定める事項を記載した開発事業事前協議申請書（以下「事前協議申請書」という。）を市長に提出し，協議しなければならない。この場合において，特定小規模開発事業を行おうとする事業者は，事前協議申請書の提出の日の1週間前までに前条第2項に準じた表示板を設置し，関係住民から説明を求められたときは，説明会の開催等適切な方法により，その理解を得るように努めなければならない。この場合において，同条第4項，第5項及び第6項の規定を準用する。

2　市長は，事前協議申請書の提出があったときは，遅滞なく事前協議申請書の概要を告示し，当該事前協議申請書を告示の日の翌日から起算して3週間（中規模開発事業及び特定小規模開発事業にあっては2週間）公衆の縦覧に供しなければならない。

3　事業者は，当該開発事業がつくる条例の対象事業となるときは，事前協議申請書の提出に当たり，同条例の内容を尊重しなければならない。

4　市長は，事前協議申請書の提出があったときは，その内容に関し，次に掲げる事項について協議するものとする。

(1)　まちづくり基本計画に関する事項

(2)　推進地区基本計画及び地区まちづくり協定に関する事項

(3)　つくる条例第15条の規定に基づく当該開発事業に係る評価書の内容に関する事項及び同条例第16条の規定に基づく完了書の内容に関する事項

(4)　逗子市景観条例（平成18年逗子市条例第6号）第28条の規定による当該開発事業に係る配慮書の内容に関する事項及び同条例第29条の規定による完了書の内容に関する事項

(5)　前条及び第1項に規定する説明会の開催等に関する事項

(6)　次節に定める開発事業の基準等に関する事項

5　市長は，前項の規定による協議を行うに当たっては，市が実施する施策との

調和を図るため，事業者に対し必要な助言又は指導を行うことができる。

（犯罪の予防措置等に関する協議）

第24条　市長は，第18条第1項第2号の建築行為を行う事業者に対し，あらかじめ，防犯カメラ，施錠装置等生活安全上効果的な設備の設置について，管轄警察署と協議するよう指導するものとする。

（協定の締結）

第25条　市長は，第23条の規定による協議により事業者と合意が成立したときは，速やかにその合意の内容について協定を締結するものとする。

（事前協議確認通知書の交付）

第26条　市長は，第23条の規定による協議が終了したときは，開発事業の実施に当たり行うべき処置その他必要があると認める事項を記載した書面（以下「事前協議確認通知書」という。）を事業者に交付するものとする。

2　市長は，前項の規定により事前協議確認通知書を交付したときは，遅滞なく当該事前協議確認通知書の概要を告示しなければならない。

（行為着手等の制限）

第27条　事業者及び工事施行者は，事前協議確認通知書を交付された日以後でなければ，開発事業に着手してはならない。

2　事業者及び工事施行者は，第30条第3項の規定による協議をしなければならないときは，同条第4項の規定による再協議確認通知書の交付を受けた日以後でなければ開発事業に着手してはならない。この場合において，既に開発事業に着手しているときは，直ちにその開発事業を停止しなければならない。

（工事の施工方法等に関する協定の締結）

第28条　事業者は，開発事業に着手する前に関係住民と協議し，当該開発事業に係る工事の施工方法等について協定を締結するよう努めなければならない。

（着手の届出等）

第29条　事業者は，開発事業に着手しようとするときは，規則で定める事項を記載した着手届（以下「着手届」という。）を市長に提出しなければならない。

2　市長は，着手届の提出があったときは，遅滞なく当該着手届の内容を告示しなければならない。

（開発事業の変更）

第30条　事業者は，事前協議申請書の提出後，事前協議確認通知書を交付されるまでの間に，開発事業の内容を変更しようとするときは，事前相談申出書を市長に再提出しなければならない。ただし，第23条第4項に規定する協議に基づいて変更しようとするとき又は規則で定める軽微な変更（以下「軽微な変更」という。）をしようとするときは，この限りでない。

2　第21条から第23条までの規定は，事業者から前項に規定する事前相談申出書の再提出があった場合について準用する。

3　事業者は，事前協議確認通知書が交付された後（次項の規定による再協議確認通知書が交付された場合にあっては，その通知書が交付された後），その開発事業の内容を変更しようとするときは，開発事業変更協議申請書（以下「変更協議申請書」という。）をあらかじめ市長に提出し，協議しなければならない。ただし，事前協議確認通知書に記載された事項に基づき変更しようとするとき，軽微な変更をしようとするとき又は市長の指導に基づき変更しようとするときは，この限りでない。

4　変更協議申請書の提出があったときは，市長は，改めて事業者と協議し，開発事業の実施に当たり行うべき処置その他必要があると認める事項を記載した書面（以下「再協議確認通知書」という。）を事業者に交付するものとする。

5　第21条，第22条，第23条第2項から第5項まで，第25条及び第26条第2項の規定は，事業者から変更協議申請書の提出があった場合について準用する。

6　第1項及び第3項ただし書きの規定による開発事業の変更をしようとする事業者は，規則で定める事項を記載した届出書を市長に提出しなければならない。

（工事完了の届出等）

第31条　事業者は，開発事業が完了したときは，その日の翌日から起算して10日以内に，規則で定める事項を記載した完了届（以下「完了届」という。）を市長に提出しなければならない。

2　市長は，完了届の提出があったときは，その開発事業が事前協議確認通知書又は再協議確認通知書（以下「事前協議確認通知書等」という。）の内容に適合しているかどうかについて，当該完了届の提出があった日の翌日から起算して14日以内に検査しなければならない。

3　市長は，前項の規定による検査の結果，その開発事業が事前協議確認通知書等の内容に適合していると認めるときは，同項の検査を終了した日（適合していないと認めるときは，その是正がなされたことを確認した日）の翌日から起算して10日以内に，開発事業に関する工事の適合証（以下「適合証」という。）を事業者に交付しなければならない。

（建築物等による使用開始の制限）

第32条　事業者は，適合証を交付された日以後でなければ，その開発事業により建築される建築物又は設置される施設の使用を開始してはならない。ただし，市長がやむを得ないと認めるときは，この限りでない。

（開発事業の廃止等）

第33条　事業者は，事前協議申請書の提出後において，その開発事業を廃止したときは，速やかに，その旨を市長に届け出るとともに，適切な方法により近隣住民に周知しなければならない。

2　市長は，前項の届出があった場合において，その届出に係る開発事業について，土砂の流出その他の災害の発生を防止するための処置をとる必要があると認めるときは，事業者に対し，土砂の除去その他安全のために必要な処置をとるように命じることができる。

（公聴会の開催）

第34条　市長は，事前協議申請書の提出を受けた開発事業について，まちづくりに重大な影響があると認めるときは，審議会の意見を聴いた上で，公聴会を開催することができる。

2　関係住民は，事前協議申請書の提出があった開発事業について，第23条第2項の縦覧期間満了の日までに，市長に対し当該関係住民のうち住所を有する20歳以上の者の2分の1以上又は当該近隣住民のうち住所を有する20歳以上の者の2分の1以上の連署をもって，公聴会の開催を請求することができる。この場合において，市長は，同項の告示後速やかに署名の対象となる住民の総数及び範囲を確定することとする。

3　事業者は，事前協議申請書の提出をした開発事業について，市長に対し公聴会の開催を請求することができる。

4　市長は，前2項の規定による公聴会の開催の請求があったときは，公聴会を

開催しなければならない。

5　公聴会の運営に関し，必要な事項は規則で定める。

（報告書の作成及び不服の申出等）

第35条　市長は，公聴会を開催したときは，速やかにその内容とともに当該開発事業に対する自らの意見を記した報告書を作成し，その内容を告示し，その写しを告示の日の翌日から起算して3週間公衆の縦覧に供しなければならない。

2　関係住民は，前項の報告書の内容に不服があるときは，同項の縦覧期間満了の日までに，議会に対し当該関係住民のうち住所を有する20歳以上の者の2分の1以上又は当該近隣住民のうち住所を有する20歳以上の者の2分の1以上の連署をもって，当該不服の理由等を記した書面を提出し，当該開発事業に対する賛否について意見を求めることができる。

3　事業者は，第1項の報告書の内容に不服があるときは，同項の縦覧期間満了の日までに，議会に対し当該不服の理由等を記した書面を提出し，当該開発事業に対する賛否について意見を求めることができる。

4　市長は，特に必要があると認めるときは，議会に対し第1項の報告書を提出した上で，当該開発事業に対する賛否について意見を求めることができる。

5　議会は，前3項の規定による求めがあったときは，当該開発事業に対する賛否の意見を表明するものとする。

6　市長は，前項の規定による意見を尊重しなければならない。

第3節　開発事業の基準等

（開発事業の基準）

第36条　事業者及び工事施行者は，開発事業を実施するに当たっては，次に掲げる事項について規則で定める基準（以下「開発事業の基準」という。）を遵守しなければならない。

(1)　1区画の面積に関する事項

(2)　専有床面積に関する事項

(3)　建築行為の計画戸数に関する事項

(4)　駐車場等の設置に関する事項

(5)　建築物の高さに関する事項

(6)　周囲の地面と建築物が接する地表面の高低差が3メートルを超える建築物の形態に関する事項
 2　市長は，前項に掲げる事項について，地区計画等，建築基準法第69条に規定する建築協定（以下「建築協定」という。），推進地区基本計画又は地区まちづくり協定により，開発事業の基準と異なる基準が定められている区域においては，その異なる基準を開発事業の基準とみなすことができる。
 3　事業者及び工事施行者は，用途地域，風致地区等の地域地区及び都市施設に関する都市計画が定められているときは，当該都市計画に従い，開発事業を行わなければならない。

（公共公益施設の整備）

第37条　事業者は，次に掲げる事項について規則で定めるところにより，開発事業の実施に関連して必要となる公共公益施設を自らの負担と責任において整備するとともに，当該開発事業に関連して市が行う公共公益施設の整備に協力しなければならない。ただし，公共公益施設の管理者が別にあるときは，その者と協議するものとする。
　(1)　道路に関する事項
　(2)　交通安全施設に関する事項
　(3)　公園，緑地又は広場に関する事項
　(4)　排水施設等に関する事項
　(5)　消防施設等に関する事項
　(6)　防災行政無線に関する事項
　(7)　教育施設等に関する事項
　(8)　ごみ集積所に関する事項
　(9)　集会所に関する事項

（自然環境及び生活環境の保全）

第38条　事業者及び工事施行者は，開発事業を実施するに当たっては，開発事業の区域周辺の自然環境及び生活環境の保全に留意し，できる限り自然地形を利用した開発事業の手法を採用し，大量の土砂の移動を生じないよう配慮するとともに，やむを得ない場合を除き，残土を搬出することのないよう努めなければならない。

（文化財の保護）
第39条　事業者及び工事施行者は，開発事業を実施するに当たっては，あらかじめ埋蔵文化財及び指定文化財の有無について逗子市教育委員会（以下「教育委員会」という。）の指導を受けるとともに，埋蔵文化財が存在する場合又は開発事業の着手後に発見された場合は，教育委員会の指示に従い，埋蔵文化財を保護（調査を含む。）するための必要な措置を講じなければならない。

（災害の防止）
第40条　事業者及び工事施行者は，開発事業を実施するに当たっては，開発事業の区域及びその周辺地域における地形，地質，過去の災害の状況等に対する事前の調査を行うとともに，がけ崩れ，土砂の流出，出水，浸水，地盤の沈下その他開発事業に起因する災害を防止するための必要な措置を講じなければならない。

2　事業者及び工事施行者は，開発事業に起因する災害が発生し，又は正に発生しようとしているときは，これを防御し，又は拡大することのないように適切な措置を速やかに講じなければならない。

（公害の防止）
第41条　事業者及び工事施行者は，開発事業を実施するに当たっては，あらかじめ当該開発事業に伴って生ずる相当範囲にわたる騒音，振動，大気の汚染等公害を防止するための必要な措置を講じるとともに，公害が発生したときは，人の健康又は生活環境に係る被害が拡大することのないよう適切な措置を速やかに講じなければならない。

（建築行為における履行事項）
第42条　事業者及び工事施行者は，建築行為を行うに当たっては，次に掲げる事項を履行しなければならない。
(1)　テレビ電波等の障害を排除するために必要な施設を設置するとともに，その維持管理のための必要な措置を講じること。
(2)　窓等には，近隣住民のプライバシーを侵さないための必要な措置を講じること。

（関係機関との協議）
第43条　事業者は，開発事業の区域内に電気工作物，ガス工作物，水道，電気通

信設備等を設置するときは，各関係機関と十分協議の上行わなければならない。

2　事業者は，開発事業の区域内に交番，駐在所等を設置する必要があると関係機関が認めるときは，当該関係機関と協議しなければならない。

（公共公益施設の帰属の時期等）

第44条　第37条の公共公益施設は，法第36条第3項の規定による公告の日の翌日において市に帰属するものとする。ただし，法令に定めのあるもの及び第25条の協定において別段の定めのあるものについてはこの限りでない。

2　市長は，前項の規定により帰属した公共公益施設であっても特に必要があると認めるときは，事業者と協議の上，期間を定めてその維持管理を行わせることができる。

（地区計画等の活用等）

第45条　事業者は，開発事業を実施するに当たっては，開発事業の区域の良好な住環境を確保するため，地区計画等の活用及び建築協定の締結に努めるものとする。

2　事業者は，開発事業を実施するに当たっては，開発事業の区域内に緑地を適正に確保するための必要な措置を講じるとともに，緑化を推進するために都市緑地法（昭和48年法律第72号）に基づく緑地協定及び自然環境を保全するために自然環境保全条例（昭和47年神奈川県条例第52号）に基づく自然環境の保全に関する協定の締結に努めるものとする。

3　事業者は，前項の緑地協定及び自然環境の保全に関する協定を締結していない開発事業の区域内の緑地部分について，当該保全のための協定を市長と締結するよう努めるものとする。

（地球環境保全への配慮）

第46条　事業者は，開発事業を実施するに当たっては，地球環境保全への配慮のために必要な措置を講じるよう努めるものとする。

（環境保全協力費等）

第47条　事業者は，その開発事業が市の持つ環境の恩恵を享受するものであること及びその開発事業を行うことが周辺環境に影響を及ぼすことから，規則で定めるところによりその貴重な環境の保全及び創造のため，協力費の納付その他の協力に努めるものとする。

第4節　土地取引行為の届出

（土地取引行為の届出等）

第47条の2　規則で定める区域内において土地取引行為を行おうとする者は，当該土地取引行為を行う日の6月前までに規則で定めるところによりその内容を市長に届け出なければならない。

2　市長は，前項の規定による届出があったときは，市が実施する施策との調和を図るため，事業者に対して必要な助言を行うことができる。

第5節　小規模開発事業の手続

（小規模開発事業事前調査書の提出等）

第48条　第18条の規定による適用を受けない開発事業（以下「小規模開発事業」という。）を行おうとする事業者は，小規模開発事業事前調査書をあらかじめ市長に提出し，協議しなければならない。

2　市長は，前項の規定による協議を行うに当たっては，市が実施する施策との調和を図るため，事業者に対し必要な助言又は指導を行うことができる。

3　第1項の規定による協議は，当該小規模開発事業に係る許認可の申請等に先立って行うよう努めなければならない。

第6章　紛争調整

（あっせん）

第49条　市長は，事前協議申請書の提出があった日（第34条の規定に基づく公聴会の開催をし，第35条第2項及び第3項に規定する意見の求めが第1項に規定する縦覧期間満了の日までになかったときは当該縦覧期間満了の日の翌日又は第34条の規定に基づく公聴会の開催をし，第35条第2項から第4項までに規定する意見の求めがあり，同条第5項に規定する意見が表明されたときは，当該意見が表明された日）以後において，事業者及び関係住民（以下「紛争当事者」という。）の双方から紛争の調整の申出があったときは，あっせんを行う。

2　市長は，紛争当事者の一方から紛争の調整の申出があった場合において，相

当な理由があると認めるときは，あっせんを行うものとする。
3　市長は，前2項の申出があったときは，あっせんを行うこと又はあっせんを行わないことを決定し，紛争当事者に通知するものとする。
4　第1項及び第2項の申出は，その紛争が開発行為に係るものであるときは，当該開発工事の着手前，その紛争が建築行為に係るものであるときは，当該建築工事の着手前までに行わなければならない。ただし，当該工事により発生した騒音，振動及びじんあいの飛散その他工事の実施に係る紛争については工事の完了時までに，テレビジョン放送の電波の受信障害に係る紛争その他市長が特にあっせんを行う必要があると認める紛争については工事の完了時から1年以内に申出を行うことができる。
5　市長は，あっせんのため必要があると認めるときは，紛争当事者に対し，意見を聴くために出席を求め，必要な資料の提出を求めることができる。
6　市長は，あっせんを行う場合においては，紛争当事者の双方の主張の要点を確かめ，紛争が解決されるよう努めなければならない。
7　市長は，あっせんを行う場合において，紛争に係る開発事業の計画がつくる条例の対象事業となるときには，逗子市環境評価審査委員会の答申を尊重しなければならない。
8　市長は，あっせんを行うため，逗子市開発事業紛争相談員を置くことができる。
9　市長は，あっせんによって紛争の解決の見込みがないと認めるときは，あっせんを打ち切ることができる。
10　あっせんの場は，公開しないものとする。ただし，紛争当事者双方の同意があった場合は，この限りでない。
（調停）
第50条　市長は，前条第9項の規定によりあっせんを打ち切った場合において，必要があると認めるときは，紛争当事者に対し，調停に移行するよう勧告することができる。
2　市長は，前項の規定により勧告した場合において，紛争当事者の双方がその勧告を受諾したときは，調停を行う。
3　市長は，前項の規定にかかわらず，当事者の一方が第1項の規定による勧告

を受諾した場合において，相当な理由があると認めるときは，調停を行うものとする。
4 　市長は，調停を行うに当たって必要があると認めるときは，調停案を作成し，紛争当事者に対し期間を定めてこれを受諾するよう勧告することができる。
5 　市長は，調停を行うに当たっては，次条に規定する逗子市開発事業紛争調停委員会の意見を聴かなければならない。
6 　市長は，紛争当事者間に合意が成立する見込みがないと認めるときは，調停を打ち切ることができる。
7 　市長は，第4項の規定による勧告が行われた場合において，定められた期間内に紛争当事者の双方から受諾する旨の申出がないときは，調停を続ける意思がないものとみなし，調停を打ち切るものとする。
8 　調停の場は，公開しないものとする。ただし，紛争当事者双方の同意があった場合は，この限りでない。

（開発事業紛争調停委員会）
第51条　市長の付属機関として，逗子市開発事業紛争調停委員会（以下「委員会」という。）を置く。
2 　委員会は，前条第5項の規定による市長の意見の求めに応じ，必要な調査審議を行い意見を述べるとともに，市長の諮問に応じて，紛争の予防及び調整に係る重要事項について調査審議し，その結果を答申する。
3 　委員会は，当該紛争に係る開発事業の計画が，つくる条例の対象事業となる場合には，逗子市環境評価審査委員会の答申を尊重しなければならない。
4 　委員会は，委員5人以内をもって組織する。
5 　委員は，法律，建築又は環境等の学識経験を有する者のうちから，市長が委嘱する。
6 　委員の任期は3年とし，委員が欠けた場合における補欠委員の任期は，前任者の残任期間とする。ただし，再任を妨げない。

（工事の着手の延期等の要請）
第52条　市長は，あっせん又は調停のため必要があると認めるときは，事業者に対し期間を定めて工事の着手の延期又は工事の停止を要請することができる。

あとがき

　本書は，主に住宅街における住環境の保全策について，空間を視覚的に捉える都市景観を手がかりに研究を進めた。そして，その保全策を，各主体の積極的な関わりによって確立される公共政策として位置づけて，さまざまな主体が実際に保全に向けて動き出す〈日常的な契機〉と，保全策に関連する法制度との接合点を模索した。具体的には，既存の都市計画と景観保全に関連する法制度の運用実態と強力に都市景観の保全に取り組んだ国立市の事例での課題を踏まえて，まちづくり条例の協議手続きの運用実態を検証し課題を明らかにした。この主題について研究することは，個々人が都市景観という公益を重んじることによって得られる豊かさを，意識的にであれ無意識的にであれ低減させることを防ぐ社会的な仕組みについて，考えることであった。そして，地域社会における日常生活のなかで，必ずしも集団的には保全に向けて動くわけではない人間関係の実態を考慮しながら，市民，専門家，自治体の主体性の発揮を促すための法制度について，具体的な事例から明らかにする試みでもあった。

　本書は，博士論文に加筆修正を加えたものである。本書が完成するまでに，たくさんの方々からの助言と調査へのご協力を得た。まず，国立市の都市景観保全運動への参与観察が可能になったことは，地域社会と自治体の取り組みに着目する視点を確立するために，大きな意味を持った。その他の事例でも，地域社会を理解するための地域住民への聞き取り調査に協力してくださった方々に感謝申し上げたい。

　本書のなかで検証した国分寺市，狛江市，逗子市のまちづくり条例の担当課には，聞き取り調査と資料の閲覧についてのご協力を得た。それらの自治

体に調査対象を絞るために，他の複数の自治体の担当課の各担当者にもプレ調査を行った。それぞれの自治体の担当課の方々に感謝したい。

博士論文の論文審査の過程では，主査の名和田是彦先生，副査の小島聡先生と武藤博己先生が，丁寧かつ貴重な御意見を下さった。各先生の熱心な論文審査に，厚く御礼申し上げたい。特に，武藤博己先生は，日頃より博士論文の完成に向けて叱咤激励をして下さった。私の社会学的な研究方法を活かした都市景観の保全策についての研究を許容して下さり，また，政治学および行政学の観点から，鋭い御指摘を賜った。それらのご指摘が，公共政策学の論文として成立させるためには不可欠であった。深く感謝申し上げたい。

また，法政大学サステイナビリティ教育研究機構が行う環境総合年表への国立市の事例についての執筆と，英語版の『世界環境年表』編集事務局の副事務局長として関わったことは，基礎的な研究の方法と意義を学ぶ機会となった。この事業は，法政大学内外の先生や大学院生と連携しながら進められた。なかでも，この事業を主導した故舩橋晴俊先生との学問的な交流は，修士論文への御指導に引き続き，私の研究の方法と論理展開を支える大きな支えの1つであった。私の博士論文の完成間近にお亡くなりになったため，同氏に本書についてのコメントをお願いすることは叶わない。しかし，同氏から受けた度重なる御助言を，今後の研究活動においても活かしていきたい。

この博士論文には，大学院外での研究会と職務を通じて得た経験が活かされている。新宿自治創造研究所で研究員として，新宿区の地域社会にマンションが与える影響について検討できたことは，それまで郊外の地域社会を研究対象としてきた筆者にとって，考えさせられることが多かった。関係者の方々に対しては，ここに記して感謝の意を表したい。

東京自治研センターと認定NPOまちぽっとが共同主催し，研究会の座長を大西隆先生が担われた「東京・都市ビジョン研究会」の委員となり，その研究会での研究成果を学術誌『地域開発』に執筆することもできた。この研究会の研究成果を発表する時期は，東日本大震災の数か月後であったことか

ら，社会全体が大震災の教訓を活かして，社会を再構築する方法を盛んに模索している時期であった。そのため，研究テーマとは別に，研究活動それ自体の社会的な意義について深く考える機会となった。この経験は，博士論文のみならず，今後の研究活動にとっても，大きな意味を持つ。大西隆先生をはじめとする関係者の方々に，心より感謝申し上げたい。

　地方自治総合研究所研究員の菅原敏夫氏は，博士論文の作成の初期段階から，後半の目次構成の段階に至るまで，さまざまな有意義なご助言を下さった。謹んで感謝申し上げたい。

　本書の刊行に際して，法政大学出版局が編集の労を執って下さった。同出版局が本書の刊行を快諾して下さったばかりでなく，読みにくい文章を読みやすくするためにご協力下さった。衷心より感謝申し上げたい。

　最後に，家族に感謝したい。両親には色々と心配もかけたと思うが，これまで研究活動を温かく見守り応援してくれたことに感謝する。報われない努力もあるが報われるのは目標達成に向けた努力だけだと思い続けられたのは，両親のおかげだと思う。このことは，継続的に研究活動を行う上で重要な意味を持った。そして，妻に感謝する。研究者特有の先行き不透明な人生や，研究活動に伴う私の葛藤までもが不徳にも時に伝わってしまい，妻を不安にさせることもあったと思う。しかし，最終的にはいつも前向きに捉えてくれることが，何よりの支えであった。本書の刊行を心底喜んでくれたことを胸に，今後も精力的に研究を続けていきたい。

　　2016 年 2 月

山岸 達矢

索　引

あ　行

アーバンデザイン　14-15
斡旋　99, 100, 108, 120, 127, 152, 192
圧迫感　71-75, 91, 123, 125-26, 131, 135, 153-57, 159-60, 177, 197, 203
アメニティ　18
暗黙の合意や感情　82
生垣　140, 142, 155
意見書　39, 104, 109, 117, 120, 127, 136, 145-46, 152, 155, 177
意匠　15-16, 48-50, 53, 92, 155, 156, 158, 172
一般開発事業　118-21, 125, 146
違法建築物　65
上乗せ　44
運動の担い手　62, 65, 69-71, 74, 78-79, 81-82
NPO　25-26, 51, 121

か　行

解体工事　167
開発基本計画　119, 137, 139
開発行為　18, 41-42, 69, 90, 92, 94, 100, 102-04, 107-09, 152, 183-84
開発事業届出書　152-53, 167
外壁との距離　154, 157
確認検査機関　40, 184
環境アセスメント　89
環境影響評価　172, 177-79, 182-83
環境権　46, 78

勧告　49-50, 54, 66, 99, 106, 152-53, 162, 167, 173
議会承認　112
企業の保養所跡地　176
規制緩和型　52
規制強化条項　45
羈束行為　40
既存樹木の保全　124, 138, 140, 142
給水義務　107
給水拒否　46, 107
給水供給可能な量　107
境界線　34, 37, 131, 135, 154-58, 180, 196-97
協議条項　45
行政計画　26, 104, 117, 127-28, 140, 151
行政手続法　46-47, 56, 89, 93, 97-98, 107, 109, 166
強制力を持つ規制　146
協定書　133
金銭的な解決方法　203
近隣住民の違和感　137, 203
近隣説明書　64
近隣同意条項　99
国立魂　76
景観行政　54, 171-72, 186
景観行政団体　49-51
景観計画　48-54
景観形成重点地区協議会　63, 73
景観権　62, 77-81
景観重要建造物　49
景観重要樹木　49
景観条例　15, 19, 51, 64-65, 67, 78-79, 84,

90-91, 93, 172-73, 198
景観条例制定運動　76
景観整備機構　51
景観地区　19, 48-54, 102, 201
景観破壊　22, 31, 177
景観法　14, 19, 47-51, 53-54, 61, 93, 173
景観利益　14, 61, 65-66, 69, 79
経済的な価値　4, 13, 24, 69
言語化が奨励される場　82
建築家　36, 67-68, 104, 121
建築確認申請　40, 43, 64, 68, 84, 100, 102-05, 193, 202
建築確認手続き　40, 41, 108, 144, 183-84, 186, 191-92
建築計画を断念　185
建築主　41-42, 46, 61, 64, 75, 84-85, 98, 109, 139, 186
権利主体　137
合意形成　4, 15, 23, 53-54, 61, 67, 92, 98, 117, 198
合意する社会過程　19, 21, 25, 27, 54-57
公園　16, 36, 44, 49, 138-40, 124, 142, 144, 156
公開空地　125, 128, 144
効果的な時期　203
公共空間　71, 74, 77
公共圏論　24
公共事業　16, 26, 89
公共的命題　82
工事の騒音　91
構造計算偽装事件　68
高層建築物　67
構造的な欠陥　81
公聴会　26, 92, 104-05, 112, 117, 119-21, 126-27, 129, 132, 146, 172-73, 175-77, 179, 182, 184, 186, 192-96
硬直的な法制度　185
高度地区　47, 124-25, 154-56, 158-59

高度利用　67, 93
合法的な建築計画　40, 42, 61, 167, 186
公募市民　26, 104
公論　4, 13, 21, 23-25
国分寺崖線　115-16, 118, 123, 143
戸建住宅　123-24, 137-38, 176, 181-82, 185
古都保全法　47
ゴルフ場　92

さ　行

最高限度　48-49, 165
再考要請制度　122, 127, 131-32, 135-36, 146, 148, 194
財産権　21, 31-34, 39, 42, 67, 76, 84, 89, 92, 95, 108, 110, 151, 191
採算性　131-32, 154, 157
最低限度　42, 48-49, 56
裁定者　164
裁量的　50, 53-54
里山　175, 177-79, 182-83, 202
参与観察　4, 62
敷地面積の最低限度　49
自己統治　25, 85, 108, 110, 192, 202
自己統治の論理　26, 104, 112, 196
事実の公表　66
自主管理努力　71, 75-77
自主条例　14-15
自然環境　18, 22, 93, 116, 151, 172, 177, 182-83
事前協議報告書　152
自然景観　14, 17, 20, 49, 116
自治組織　70
実効性の高い協議手続き　193
指導要綱　14, 43-46, 65, 90-93, 97-98, 100-01, 107-08, 120, 171, 192
自発的な合意　194
地盤　41, 123-24, 126, 131, 134, 177
地盤面　118, 126, 144, 175

262

シミュレーション　154, 157-58
市民参加　55, 81, 98, 101, 108, 115, 117-18, 171, 192
市民自治　69, 82
市民情報組織　55
市民的探究活動　68-69, 83, 84, 112, 166, 192-96
氏名と違反事実の公表　106
諮問委員会　101, 111, 172, 183, 196, 200
諮問機関　53, 104-05, 134, 148, 191, 201
諮問方式　104-05
社会構造上の問題　82
社会的ジレンマ　22-23
社会的責任　157
社会的な圧力　202
斜面地開発　175, 177
斜面地マンション建設　171
斜面緑地　171
集合住宅　123-25, 133, 135, 153-56, 158-60, 164, 182, 197, 202
私有財産制　31, 33-34
修正する機会　25, 27, 39, 42-43, 47, 54, 56-57, 103, 148, 163, 184, 191
住民自治　25
住民説明会　64, 109, 140
住民と協働して管理　141
住民の理解　127-28, 130, 134
住民発意の地区計画　54, 72
受苦意識　70-72, 74-76, 79, 82-83
受苦の予測　84-85, 108, 110, 166, 191-93, 195-96, 199, 202-03
主体性が発揮できる機会　148
首長承認手続き方式　104-05
受忍限度内　154, 155, 159
受忍範囲　102
樹木　18, 48-49, 124, 137-42, 146
樹木医　124, 138, 140-41
条例違反　106, 145, 167, 182-83, 186

条例制定権　95-96
条例の趣旨にそった行動　173
助言書　141, 143, 147
署名集め　64
人格権　66, 78
審議会　26, 51, 55, 65-66, 68, 91, 104, 108, 111, 117, 145, 192-93
人工地盤　176, 177, 182, 184
新住民の定住性　126
数値基準　53-54, 198
住む理由　3, 19
生活環境　16, 23, 27, 44, 53, 73, 123, 176, 195, 197
生活景　16
生活者の視点　17
制裁条項　45
説明責任　103, 105, 157, 165, 183
専門家　15-16, 21, 25, 39, 51, 57, 68, 85, 92, 111-13, 115, 118, 121, 138, 146, 148-49, 151, 159, 165-66, 191, 194-97, 199-200
専門家の派遣　51, 118
専門的知見　141-42, 148
早期の協議手続き　196
相続　20
想定される司法判断　164

た　行

第一種住居専用地域指定運動　75-76
大学通り　60-65, 67, 69-80, 82-83, 191
大規模跡地　20
大規模開発事業　101, 103, 118, 120, 122, 141
大規模建築物　61, 85, 100
大規模土地取引行為の届出　101, 137, 139-40, 142-43, 145, 201
大規模土地利用構想　121-22, 124, 139-40
高い意識　69
高さ制限　19, 52, 64-66, 68, 73-74, 76-77, 92, 124, 135, 144, 154, 156, 161, 171

宅地開発指導要綱　43-46, 120
妥結可能な修正案　165
団体自治　25
地域職能集団　55
地域政治　62, 74, 77
地域風土　16
地区計画　27, 43, 47-55, 57-58, 63-68, 70, 72-73, 83-84, 92-93, 98-99, 102, 109, 116, 124, 142-48, 158-59, 195, 201
地区指定型　43, 52, 94, 98, 101, 109-10, 117-18, 158
地区指定型の保全策　43, 47-48, 51-54, 56, 69-71, 84, 92, 98-99, 102, 108, 148, 187, 192, 198-201, 203
地区詳細計画　37, 52
地区まちづくり計画　117, 148, 151, 154, 155, 164-67, 201
地方分権　39, 49, 93, 95-96, 98, 202
中間団体　51
中高層建築物　44-45, 91, 93, 118
中高層建築物等指導要綱　120
駐車場　124, 153-54, 158-59
懲役　42, 106, 120, 153, 167, 173
調整会　112, 152-67, 191, 193-96, 200
調整会報告書　152, 154, 156, 159, 161, 164
調停　99-100, 102, 108, 120, 127, 192
調停委員会　99, 102
陳情　64, 115, 176, 184-85
庭園都市的景観　171
低層住宅　71, 73-74, 77, 80, 156, 165, 171, 176, 197
テーマ型　117-18, 151-52
適合通知書　106
伝統的建造物　47
電波障害　91, 124, 131
同意条項　45, 99-100
討議経験　76
討議の場　82

東京海上跡地から大学通りの環境を考える会（考える会）　62, 64-68, 71, 74-75, 78, 80-82, 123, 147
独自基準　104, 106, 162
特定行政庁　40, 184-85
都市環境　18, 117, 171
都市計画決定　37, 51, 77-78, 117-18
都市計画審議会　65, 68, 117, 145
都市計画提案制度　51-52, 55, 93, 117-18
都市計画法　18, 21, 31, 34-39, 41-44, 47-48, 50-52, 56, 61, 78, 83, 85, 89-90, 92-93, 98, 106, 117-19, 123, 161, 163, 166, 173, 186
都市計画マスタープラン　38-39, 104, 116, 127, 147, 151
都市景観行政　14
都市景観形成条例　62, 66, 72, 76, 78, 83
都市景観紛争　57, 61
都市景観保全　4, 14, 19-21, 27, 29, 42, 50, 52, 56, 58-59, 61, 64, 69, 71, 74, 84-85, 87, 89-1, 101, 103, 108, 110, 121, 148, 155, 166-67, 191-92, 197-201, 203
都市生活　14
土壌　155, 157-59, 167
土地基本法　93, 171
土地購入者　20, 201
土地譲渡者　139, 142
土地の取引行為　101
土地利用計画　20, 37, 96

な　行

中3丁目地区・地区計画　65
納得のいく説明　157
2H　73, 75, 99
20m分の撤去命令判決　65
日常生活　4, 18, 22, 27, 58, 81, 84, 98
日常的な契機　27, 56-57, 61, 83-84, 89-90, 101, 103, 110, 147-48, 166-67, 191,

198-99, 201, 203
日米構造協議　97
任意の協力　97, 102, 109, 146, 163, 166-67
人間関係　81-82
認識像　14-16, 18-19, 67, 69, 81-84, 196
ネットワーク　79-81, 83, 140, 142
農地の減少　151

は 行

場所性　16-17
場所の社会的な意味　13-17, 21, 23-24, 27, 43, 52, 54-57, 74-76, 80, 82-84, 110, 177, 186-87, 191-93, 197, 203
罰金　42, 91, 106, 120, 153, 167, 173
罰則規定　106-07, 109, 120, 167, 173
罰則目的の給水規制条項　107
抜本的な計画の修正　160, 166
抜本的な建築計画の修正　195
バブル期の開発　90
非公式な場　82
批判的公共性　24
非連動的な法制度　106
風害　74, 91, 125, 153, 156, 158
風景　16-18
風致地区　129, 131-32, 148
負担条項　45
プライバシー侵害　91, 177
文化財保護法　47
分譲　62, 89, 124, 138, 155-56, 159-61, 175-76, 179-80, 183, 186, 196, 202
分譲戸建住宅　176, 186
紛争調整　91-92, 99-103, 105, 107-08
紛争予防条例　21, 92, 99-103, 105, 107-08, 192
壁面の位置　49-50
変更命令　50, 53-54
法制度間の整合性　110
法制度を活用する社会過程　21, 25, 27, 55,

57, 83, 85, 110, 191-93
法定基準　194
法的な効力　202
保全主体　15, 47-48, 50-51, 57, 80
歩道橋事件　75
ボランティア活動　26

ま 行

埋蔵文化財　177
まちづくり委員会　112, 151-52, 154-57, 160-67, 191, 194-95, 200
まちづくり市民会議　116-17, 119-24, 126-27, 129, 132-46, 148, 194
まちづくりセンター　120, 147
マンションデベロッパー　20
武蔵野市給水拒否刑事事件最高裁判決　46
命令　42, 50, 53-54, 65-66, 106, 120, 134, 153, 167, 173, 184
目隠し　124, 131, 154-58
黙認　184

や 行

野外広告　18
有識者　99, 104-05, 107-08, 111-12, 118, 119, 132, 165-66, 172, 191-92, 194, 198
用途地域　21, 37-38, 52, 76, 96, 123, 143, 147, 158, 182, 197
横だし　45

ら 行

利害関係者　21, 38
リゾート開発　14, 44, 92
良好な都市環境をつくる条例　171
緑地　13, 15, 41, 44, 60, 74, 115, 120, 124, 128, 137-38, 140-41, 155, 171, 175-77
緑化　131, 140, 142, 146, 151, 155-56, 158-59, 165, 171
緑化率　48, 138, 142

歴史遺産　151
歴史的環境　18
歴史的景観　14, 17, 19–20, 90–91, 116, 197
歴史的風致　47

わ 行

ワークショップ　144–45
和解金　80
ワンルームマンション　44, 123, 126

●著者

山岸達矢（やまぎし・たつや）

1981年生まれ。法政大学大学院公共政策研究科博士課程修了。博士（公共政策学）。現在，大正大学地域創生学部地域創生学科助教。専門社会調査士。専門は，公共政策学，環境社会学，地域社会学，住環境保全論。併せて，まちづくりや国際協力のNPO活動にも取り組む。

住環境保全の公共政策
都市景観とまちづくり条例の観点から

2016年4月8日　初版第1刷発行

著　者　　山岸達矢
発行所　一般財団法人　法政大学出版局

〒102-0071 東京都千代田区富士見 2-17-1
電話 03（5214）5540　振替 00160-6-95814
組版：HUP　印刷：三和印刷　製本：積信堂

© 2016 Tatsuya Yamagishi
Printed in Japan

ISBN978-4-588-62530-5

東アジアの公務員制度
武藤博己・申龍徹 編著 ……………… 法政大学現代法研究所叢書　4200 円

社会国家・中間団体・市民権
名和田是彦 編著 …………………… 法政大学現代法研究所叢書　3500 円

ポスト公共事業社会の形成　市民事業への道
五十嵐敬喜・萩原淳司・勝田美穂 著　法政大学現代法研究所叢書　3200 円

震災と地域再生　石巻市北上町に生きる人びと
西城戸誠・宮内泰介・黒田暁 編 ………………………………………… 3000 円

用水のあるまち　東京都日野市・水の郷づくりのゆくえ
西城戸誠・黒田暁 編著 ……………………… 水と〈まち〉の物語　3200 円

脱原発の比較政治学
本田宏・堀江孝司 編著 …………………………………………………… 2700 円

新しい政治主体像を求めて
岡本仁宏 編 ………………………………………………………………… 5600 円

市民の外交　先住民族と歩んだ30年
上村英明・木村真希子・塩原良和 編著・市民外交センター 監修 … 2300 円

ケアのリアリティ　境界を問いなおす
三井さよ・鈴木智之 編著 ………………………………………………… 3000 円

ケアとサポートの社会学
三井さよ・鈴木智之 編 …………………………………………………… 3300 円

表示価格は税別です

成年後見制度の新たなグランド・デザイン
法政大学大原社会問題研究所・菅富美枝 編著 ……………… 5700 円

環境をめぐる公共圏のダイナミズム
池田寛二・堀川三郎・長谷部俊治 編著 ……… 現代社会研究叢書 4800 円

公共圏と熟議民主主義　現代社会の問題解決
舩橋晴俊・壽福眞美 編著 ……………… 現代社会研究叢書 4700 円

規範理論の探究と公共圏の可能性
舩橋晴俊・壽福眞美 編著 ……………… 現代社会研究叢書 3800 円

メディア環境の物語と公共圏
金井明人・土橋臣吾・津田正太郎 編著 ……… 現代社会研究叢書 3800 円

移民・マイノリティと変容する世界
宮島喬・吉村真子 編著 ……………… 現代社会研究叢書 3800 円

若者問題と教育・雇用・社会保障
樋口明彦・上村泰裕・平塚眞樹 編著 ……… 現代社会研究叢書 5000 円

ナショナリズムとトランスナショナリズム
佐藤成基 編著 ……………… 現代社会研究叢書 4900 円

基地騒音　厚木基地騒音問題の解決策と環境的公正
朝井志歩 著 ……………… 現代社会研究叢書 5800 円

映像編集の理論と実践
金井明人・丹羽美之 編著 ……………… 現代社会研究叢書 3800 円

表示価格は税別です